机械化深松与保护性耕作技术

朱宪良　编著

中国海洋大学出版社

·青岛·

图书在版编目（CIP）数据

机械化深松与保护性耕作技术 / 朱宪良编著 . -- 青岛 : 中国海洋大学出版社,（2024.8 重印）

ISBN 978-7-5670-2943-9

Ⅰ.①机… Ⅱ.①朱 Ⅲ.①深耕－整地－农业机械化②资源保护－土壤耕作 Ⅳ.①S341

中国版本图书馆 CIP 数据核字（2021）第 196842 号

JIXIEHUA SHENSONG YU BAOHUXING GENGZUO JISHU

出版发行	中国海洋大学出版社
社 址	青岛市香港东路 23 号　　　　邮政编码　266071
出 版 人	杨立敏
网 址	http://pub.ouc.edu.cn
订购电话	0532－82032573（传真）
责任编辑	邹伟真　　　　　　　　**电 话**　0532－85902533
印 制	青岛中苑金融安全印刷有限公司
版 次	2021 年 9 月第 1 版
印 次	2024 年 8 月第 2 次印刷
成品尺寸	170 mm ×230 mm
印 张	10.25
字 数	144 千
印 数	1001—1520
定 价	45.00 元

发现印装质量问题，请致电 0532-85662112，由印刷厂负责调换。

　　本书共分土壤与土壤耕作、机械化深松耕整地技术、机械化保护性耕作技术三章。从土壤耕作与耕作土壤保护的角度出发，以图文并茂的形式，详细论述了土壤特性、耕作土壤的地力，机械化深松类型、机具选择技术要求以及保护性耕作的起源、发展、概念、内容、原理、机具、关键技术与效益。涉及的内容既有理论研究又有实践应用，可作为深松与保护性耕作项目实施技术指导书，也可作为基层农机推广技术人员学习参考书。

　　限于作者水平，书中疏漏和不妥之处在所难免，恳请读者予以批评指正，以期后续再版时修订。

编者

2021 年 6 月

Contents | 目 录

●●●

第一章

土壤与土壤耕作

第一节 土壤的理化特性

一、耕地土壤地力及内涵

(一) 耕地概念

土壤是人类赖以生存的基本资源。

《土地利用现状分类》(GB/T 21010—2017)将耕地定义为种植农作物的土地,包括熟地、新开发、复垦、整理地、休闲地(含轮歇地、休耕地);以种植农作物(含蔬菜)为主,间有零星果树、桑树或其他树木的土地;平均每年能保证收获一次的已垦滩地和海涂。

耕地分为水田、水浇地和旱地三种类型。

中国耕地主要分布在东部季风区的平原和盆地地区。中国西部耕地面积小,分布零星。

(二) 耕地地力

耕地地力就是耕地的生产力,是在一定区域内的土壤类型上,对耕地土壤的理化性状、所处自然环境条件、农田基础设施以及耕作施肥管理水平等因素的综合考量。

土壤理化性状是指土壤的物理和化学性状。物理性状主要包括有机质含量、保水保肥能力、通透性等。化学性状主要包括大中微量元素、土壤 pH 值等。知道土壤的理化性质,就能知道该土壤适宜栽种什么作物。耕地的地力在很大程度上取决于土壤对作物生长供应营养元素的能力,通过对土壤 pH 值、有机质以及各养分含量的分析,可以摸清土地肥力状况及存在的问题,为提升耕地质量、指导农民合理施肥、提高农作物产量、增加农业效益提供科学依据。

（1）土壤 pH 值

土壤 pH 值又称土壤的酸碱度，是指土壤溶液中存在的 H^+ 和 OH^- 的量。通常用 pH 值表示。

pH=7 时是中性，这时溶液中 H^+ 和 OH^- 数量相等；

pH<7 表示是酸性，这时 H^+ 多于 OH^-；

pH>7 表示是碱性，这时 H^+ 少于 OH^-。

我国把土壤酸碱度分为五级：强酸性土（pH<5）、酸性土（5<pH<6.5）、中性土（6.5<pH<7.5）、碱性土（7.5<pH<8.5）、强碱性土（pH>8.5）。

南方红壤、黄壤等多表现为酸性反应，pH 值为 5～6.5，个别的土壤甚至 pH 值为 4。而北方土壤一般为中性或碱性反应，pH 值为 7～8.5。中性土壤的肥料利用率最高。

土壤 pH 值是土壤盐基状况的综合反映，对土壤的理化性质、土壤中养分存在的形态和有效性、微生物活动以及植物生长发育都有很大的影响，是决定农田土壤肥力的重要特征参数之一。

土壤之所以有酸碱性，主要是土壤中存在酸碱物质。H^+ 来源主要是土壤胶体上吸附的 H^+ 和 Al^{3+}，其次是 CO_2 溶于水形成碳酸电离的结果：

$$H_2CO_3 = H^+ + HCO_3^-, \quad HCO_3^- = H^+ + CO_3^{2-}$$

除此之外，还有有机质转化过程中，分解产生的有机酸（丁酸、草酸、柠檬酸等），岩石风化过程中，化学变化（如含硫矿物氧化）成的酸以及施用肥料加进的酸性物质［如$(NH_4)_2SO_4$、NH_4Cl］，当 NH_4^+ 被当作物吸收后，常遗留在土壤中的酸根（SO_4^{2-}，Cl^-）都能使土壤酸性增加。

OH^- 的来源主要是土壤中 $NaCO_3$、$NaHCO_3$ 等盐类水解以及土壤胶体上含的代换性钠形成强碱转化结果。例如，

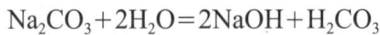

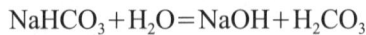

$$Na_2CO_3 + 2H_2O = 2NaOH + H_2CO_3$$

$$NaHCO_3 + H_2O = NaOH + H_2CO_3$$

（2）土壤缓冲能力

在土壤加入酸、碱物质后，土壤所具有的抵抗土壤溶液酸化或碱化的能力，称为土壤缓冲性能。土壤具有以下缓冲性能的原因。① 土壤胶体上代换性阳离子存在，对酸碱有缓冲作用。这是由于土壤胶体上代换性阳离子（盐基离子或 H^+）被代换到溶液中生成了中性盐或 H_2O。② 土壤的缓冲性能是土壤的重要特性之一。由于土壤具有缓冲性能，可以使土壤的酸碱度经常保持稳定，为作物和微生物生长发育提供良好的环境条件，同时也为指导施肥提供依据。向

土壤中施用有机肥料、泥土类(塘泥)肥料、石灰和种植绿肥等,都是提高土壤缓冲性能的有效措施。③ 土壤中有机质的合成与分解、氮磷钾等营养元素的转化与释放、微量元素的有效性、土壤保持养分能力等都与 pH 值有关,土壤 pH 值过高或过低都不利于作物的生长发育。

青岛市土壤表层 pH 值的平均值为 6.31。

土壤的酸碱性对土壤肥力和作物生长的影响:① 土壤养分的有效性降低。土壤中磷的有效性明显受酸碱性的影响,在 pH 值超过 7.5 或低于 6 时,磷酸和钙或铁、铝形成迟效态,使有效性降低。钙、镁和钾在酸性土壤中易代换也易淋失。钙、镁在强碱性土壤中溶解度低,有效性降低。硼、锰、铜等微量元素,在碱性土壤中有效性大大降低,而钼在强酸性土壤中与游离铁、铝生成沉淀,降低有效性。② 不利土壤的良性发育,破坏土壤结构。强酸性土壤和强碱性土壤中氢和钠较多,而钙较少,难以形成良好的土壤结构,不利于作物生长。③ 不利土壤微生物的活动。土壤微生物一般最适宜的 pH 值为 6.5~7.5。过酸或过碱都会严重抑制土壤微生物的活动,从而影响氮素及其他养分的转化和供应。④ 不利作物的生长发育。一般作物在中性或近中性土壤生长最适宜,而在偏(过)酸性或偏(过)碱性土壤中会造成发育困难或者根本无法生长。(未腐熟的肥料,酸碱度不合适会抑制根的生长,使根部腐烂。)⑤ 易产生各种有毒害的物质。土壤过酸容易产生游离态的铝和有机酸,直接危害作物。碱性土壤中可溶盐分达到一定数量后,会直接影响作物的发芽和正常生长。含碳酸钠较多的碱化土壤,对作物更有毒害作用。

(3)有机质

有机质是指存在于土壤中的含碳的有机物质,包括各种动植物的残体、微生物体及其会分解和合成的各种有机质。土壤有机质是土壤固相部分的重要组成部分,是植物营养的主要来源之一。土壤有机质含有作物生长所需的各种养分,可直接或间接地为作物生长提供氮、磷、钾、钙、镁、硫和各种微量元素;能促进植物的生长发育,改善土壤的物理性质,促进微生物和土壤生物的活动,促进土壤中营养元素的分解,提高土壤的保肥性和缓冲性。有机质具有改善土壤理化性状、影响和制约土壤结构形成及通气性、渗透性、缓冲性、交换性能和保水保肥性能,是评价耕地地力的重要指标。对耕作土壤来说,培肥的中心环节就是增施各种有机肥,实行秸秆集约化绿色化还田、提高土壤有机质含量。通常在其他条件相同或相近的情况下,在一定含量范围内,有机质含量与土壤肥力水平呈正相关。

青岛市土壤表层有机质含量平均值为 11.94 g/kg。

有机质在土壤肥力上的作用：① 是土壤养分的主要来源,可以直接或间接地为作物生长提供氮、磷、钾、钙、镁、硫和各种微量元素。土壤有机质经矿质化过程释放大量的营养元素为植物生长提供养分;腐殖化过程合成腐殖质,保存了养分,腐殖质又经矿质化过程再度释放养分,从而保证植物生长全过程的养分需求。有机质矿质化过程分解产生的 CO_2 是植物碳素营养的重要来源。② 促进植物对其他营养元素的吸收。土壤有机质在分解转化过程中,产生的有机酸和腐殖酸对土壤矿物部分有一定的溶解能力,可以促进矿物分化,增强养分的有效性。一些与有机酸络合的金属离子可以保留在土壤溶液中,不致沉淀而影响其有效性。土壤腐殖质是一种胶体,有着巨大的比表面积和表面能,其保肥性能非常显著;另外,在水分保持方面,土壤腐殖质和黏土矿物一样,具有较强的水吸附能力,但单位质量腐殖质保存阳离子养分的能力是黏土矿物的几倍至几十倍,因此,土壤有机质具有巨大的保水保肥能力。③ 促进植物生长发育。土壤有机质,尤以其中的多元酚官能团,可以加强植物呼吸过程,提高细胞膜的渗透性,促进养分迅速进入植物体,对植物根系生长具有促进作用。土壤有机质中还含有维生素 B_1、B_2,吡醇酸,烟碱酸,激素,异生长素（a– 吲哚乙酸）,抗生素（链霉素、青霉素）等对植物的生长起促进作用,并能增强植物的抗病能力。④ 改善土壤物理性质。有机质在改善土壤物理性质中的作用是多方面的,其中最主要、最直接的作用是改善土壤结构,促进团粒结构的形成,从而增强土壤的疏松性,改善土壤的通气性和透水性。腐殖质是土壤团聚体的主要胶结剂,土壤中的腐殖质很少以游离态存在,多数和矿质土粒相互结合,通过功能基、氢键等机制,以胶膜形式包被在矿质土粒外表,形成有机－无机复合体。土壤腐殖质是亲水胶体,具有巨大的比表面积和亲水基团,据测定腐殖质的吸水率为500％左右,而黏土矿物的吸水率仅为50％左右,因此,有机质能提高土壤的有效持水量,这对砂土有着重要的意义。腐殖质为棕色、褐色或黑色物质,被土粒包围后使土壤颜色变暗,从而增加了土壤的吸热能力,提高土壤温度,这一特性对北方早春时节促进种子萌发特别重要。腐殖质的热容量比空气、矿物质大,而比水小,导热性居中,因此,土壤有机质含量高的土壤其土壤温度相对较高且变幅小,保温性好。⑤ 为土壤生物提供能量。没有土壤微生物就不会有土壤中所有的生物化学过程。土壤微生物的种群、数量和活性随有机质含量增加而增加,具有极显著的正相关。土壤有机质的矿质化率低,不会像新鲜植物残体那样对微生物产生迅猛的激发效应,而是持久稳定地向微生物提供能源。因此,富含有机质的土壤,其肥力平稳而持久不易造成植物的徒长和脱肥现象。土壤动物中有的也以有机质为食物和能量来源;有机质能改善土壤物理环境,增加疏松程度和提高通透性(对砂土而言则降低通透性),从而为土壤动物的活动提供了良好的条件,而土壤动物本身又加速了有机质的分解(尤其是新鲜有机质的分解)。⑥ 活化磷、钾等营养元素。土壤库中的磷一般不以速效态存在,常以迟效态和缓效态存在,因此,土壤中磷的有效性低;土壤有机质具有与难溶性的磷反应的特性,可增加磷的溶解度,从而提高土壤中磷的有效性和磷肥的利用率。土壤腐殖酸是一类生理活性物质,它能加速种子萌发,增强根系活力,促进植物生长,对土壤微生物而言,腐殖酸也是一种促进生长发育的生理活性物质。一些微生物具有溶解钾的功能,这些微生物的生存必须有大量有机质的存在。

(4)土壤养分状况

作物需要的养分绝大部分来自土壤,但是,土壤里的养分大都存在于难溶性的矿物质中和有机质中,为迟效性,作物难以吸收利用。而能被当季作物吸收利用的离子态速效养分,只占土重的 0.005% ～ 0.1%,存在于水溶液中和被吸附在土壤胶体表面上。不过,这种迟效养分和速效养分在一定条件下能够相互转化。

1)有机碳化合物的转化

土壤中的纤维素、淀粉、双糖、单糖以及脂肪等有机物,都不含氮。它们在土壤中转化有两种情况:① 通气良好时,受好气性细菌和真菌作用,迅速分解,最后产生 CO_2 和 H_2O,并放出大量的热。这种热是土壤生物化学作用的原动力和土壤微生物生命活动所需能量的来源。CO_2 是作物进行光合作用的重要原料。通气不良时,受嫌气性细菌作用,缓慢分解,只放出少量的热和 CO_2。② 而累积大量的有机酸(乙酸、丁酸)、甲烷、氢等还原性物质,阻碍作物生长发育。如水稻"翻秋"或"溶萄"现象,就是丁酸所致。因此,水田翻压绿肥,结合施石灰,就是为了中和有机酸,消除稻田毒害。

2)土壤中氮素的转化

土壤中有机态氮占 99% 以上,无机态氮不足 1%;水田的全氮含量为 0.1% ～ 0.2%,无机态氮更少。作物从土壤中吸收的氮素,绝大部分由有机氮转化而来。其转化形成主要有以下四种。① 氨化作用:土壤中含氮的有机物,如蛋白质、尿素和壳糖(几丁质)等在氨化细菌作用下,逐渐分解释放出氨,称之氨化作用。不论通气好坏,此过程都能进行。氨与土壤中的酸根结合成铵盐,为作物吸收利用,或被土壤胶体吸附保存。② 硝化作用:氨或铵盐在通气良好的条件下,经亚硝酸细菌、硝酸细菌等的作用,转化成硝酸的过程,称为硝化作用。由于这种作用是在通气良好的情况下进行,所以 NO_3-N(硝酸氮)存在于旱土中,而水田中很少见。NO_3-N 是作物良好的有效态养分,但不能被土壤胶体吸附,易于随水流失,故深耕松土,保持土壤湿润,有利于硝化作用和防止土壤中氨的散失。③ 反硝化作用:当土壤通气不良,并含有大量新鲜有机质和硝酸盐的土壤中,在反硝化细菌的作用下,将硝酸盐还原成作物不能利用的氮气而损失,这个过程称为反硝化作用。这种作用对作物吸收养分和生长带来不利,务必加以阻止。稻田采用浅水间灌,露田通气和施用铵态氮肥,旱土雨后中耕松土,均可防止反硝化作用的发生。④ 生物夺氮作用:土壤中的无机态氮(如铵盐、硝酸盐)部分被微生物、杂草、土壤动物吸收利用,合成生物机体,使土壤有效态氮减少,称生物夺氮作用。尤以微生物夺氮最突出,当土壤中施用大量新鲜的、含纤维素多的有机肥和其他环境条件又适宜,微生物就大量活动与繁殖,消耗掉土壤中有效氮素,从而导致作物氮素养分缺乏或严重不足。因此,凡秸秆还田或施用大量未腐熟的含纤维多的有机肥料,必须配合施用适当的速效氮肥,以补充土壤有效氮素,供作物吸收。

但是生物夺氮作用是暂时的,直到有机肥分解就会停止,同时,微生物死亡后,氮素仍旧归还给土壤,让作物吸收利用。

3)土壤中磷素的转化

一般土壤中磷酸总量(以 P_2O_5 计算)为 $0.05\% \sim 0.2\%$。红黄壤仅为 0.06% 左右,就按此计算,这些磷也够供作物若干年丰收所需要。但是,土壤中能为作物很好吸收利用的水溶性磷(如 Na、K、NH_4 等磷酸盐)和弱酸溶性磷很少;而多数为难溶性磷和极难溶性磷(如磷酸铁、磷酸铝)以及有机态磷。它们需经各种转化,才能被作物吸收利用。

土壤无机磷的转化,主要受土壤反应的影响。在强酸性土壤中,磷与铁、铝离子化合生成难溶性的磷酸铁、磷酸铝沉淀而被土壤固定;在石灰性土壤中,磷则成为磷酸三钙被土壤固定。只有当土壤反应处于中性或接近中性(pH值为 $6.5 \sim 7.5$)的条件下,磷的有效性才提高。

土壤有机磷的转化。土壤中,有机磷化合物主要有核蛋白、核酸、卵磷脂、植素以及植物体内其他含磷化合物。它们是在土壤微生物的作用下,进行水解释放出磷酸。这种磷酸和水解性磷一样,在土壤中再进行着各种转化,变成有效磷酸盐供作物吸收利用。

4)土壤中钾素的转化

土壤中钾的含量与成土母质、土壤质地和有机肥料的施用关系极大。据有关资料记载,发育于紫色土、花岗岩的土壤,全钾量为 $2.5\% \sim 5.0\%$;发育于第四纪红色黏土的红壤,全钾量为 $0.\%8 \sim 1.8\%$;而发育于石灰岩的土壤,全钾量仅 0.68%～1.12%。黏质土壤含钾量比砂质土壤高。

土壤中的钾,根据对作物有效性的高低,分为以下四大类。

一是水溶性钾,如 KNO_3、KCl、$KHCO_3$ 等,可以被作物直接吸收,但土壤中的含量却极少。

二是代换性钾,系土壤胶体上吸附的钾,作物亦可以直接利用,但土壤中含量也少,仅占土壤全钾量的 0.1%～0.5%。通常说的有效钾,是指水溶性钾与代换性钾的总和。但它只占土壤总钾量的 1%～2%。

三是微生物活体钾。这类钾存在微生物活体内,但在微生物死亡分解后,可被作物吸收利用。

四是矿物钾,系指矿石(钾云母、正长石)中含的钾,是矿物在钾细菌和各种酸的作用下,释放出的水溶性钾,这类钾在土壤中含量最多,占土壤含钾总量98%以上。

不过,土壤中的钾和氮、磷一样,并不能满足作物生活的需要,亦须依靠施肥来补充。

土壤中各种类型的钾,在一定的条件下,也可相互转化。难溶性含钾矿物,在各种酸类或钾细菌的作用下,可以释放出水溶性钾。但在含黏粒多的土壤中,由于黏土具有湿胀干缩的特性,在土壤干湿交替频繁中,土壤中的水溶性钾或代换性钾被黏土矿物固定起来,成为一种不能移动的钾,使作物根系无法吸收。

为避免这一现象,钾肥宜施在干湿变化较少的土层内,即适当深施,或采用集中穴(条)施,最好是叶面喷施。

(5)土壤中大量元素

1)土壤全氮

土壤全氮是指土壤中各种形态的氮素之和。包括有机态氮和无机态氮,但不包括土壤空气中的分子态氮。

土壤的全氮量随着土壤的深度增加而急剧降低。土壤的全氮量处于动态变化之中,其消长取决于氮的积累和消耗的相对多少,特别是取决于土壤有机质的生物积累(有机氮)和水解作用。

对于自然土壤来说,达到稳定水平时,其全氮含量的平均值是气候、地形或地貌、植被和生物、母质及成土年龄或时间的函数。

对于耕种土壤来说,除前述因素外,还取决于利用方式、轮作制度、施肥制度、耕作和灌溉制度等。

青岛市耕地土壤表层全氮平均含量为 0.76 g/kg。

2）碱解氮

土壤碱解氮或称水解性氮包括无机态氮（铵态氮、硝态氮）及结构简单能为作物直接吸收利用的有机态氮（氨基酸、酰胺和易水解蛋白质）。它可供作物近期吸收利用，故又称速效氮。碱解氮含量的高低，取决于有机质含量的高低和质量的好坏以及放入氮素化肥数量的多少。

有机质含量丰富，熟化程度高，碱解氮含量亦高，反之，则含量低。碱解氮在土壤中的含量不够稳定，易受土壤水热条件和生物活动的影响而发生变化，但它能反映近期土壤的氮素供应能力。

土壤中氮素主要以有机态存在，约占土壤全氮量的90%，而这些含量的土壤氮素主要以大分子化合物的形式存在于土壤有机质中，作物很难吸收利用，属迟效性氮。其余部分则以小分子有机态或铵态、硝态和亚硝态等形式的无机态存在，一般占土壤全氮量的10%以下，可以被植物直接吸收利用，也称速效氮，通常用碱解法测定其含量，故称碱解氮。其含量水平常作为衡量土壤氮水平指标。

耕地土壤碱解氮含量与全氮量有很大的相关性，但受人们施肥的影响较大。

3）土壤有效磷

土壤有效磷是指土壤中可被植物吸收利用的磷总合。其包括全部水溶性磷、部分吸附态磷、一部分微容性的无机磷和已矿化的有机磷等。后两者要经过一定的转化过程后方能被植物直接吸收。

土壤有效磷是土壤磷元素养分供应水平高低的指标，土壤磷含量高低在一定程度上反映了土壤中磷素的贮量和供应能力。

青岛市耕地土壤表层有效磷平均含量为29.64 mg/kg。

提高土壤有效磷的途径：① 增施有机肥料。土壤中难溶性磷素需要在磷细菌的作用下，逐渐转化成有效磷，供作物吸收利用。土壤有机质有利于微生物的繁殖和微生物活性的提高，增强磷素转化速度。同时有效性的磷素与有机物质结合，减弱了土壤磷素的矿化作用，有利于有效磷贮存积累。② 与有机肥料混合使用。在土壤中，难溶性磷酸盐与生物呼吸作用产生的二氧化碳、有机肥料分解时产生的有机酸作用，可逐渐转变成弱酸溶性或水溶性磷酸盐，提高磷素的利用率。③ 土壤速效钾。速效钾，是指土壤中易被作物吸收利用的钾素，包括土壤溶液钾及土壤交换性钾。根据钾在土壤中存在的形态和作物吸收利用情况，可分为水溶性钾、交换性钾和黏土矿物中固定的钾3类，前两类可被当季作物吸收利用，统称为速效钾，后一类是土壤钾的主要贮藏形态，不能被作物直接吸收利用。

速效钾含量是表示土壤钾素供应状况和土壤肥力的重要指标之一。

（6）土壤中量元素

1）土壤交换性钙和交换性镁

交换性钙是指吸附于土壤胶体表面的钙离子，是土壤中主要代换性盐基之一，是植物可利用的钙。

土壤交换性钙含量很高，变幅也很大，其占土壤全钙量的 $50\% \sim 60\%$，一般为 $20\% \sim 30\%$，占土壤交换性盐的 $40\% \sim 90\%$。土壤中的交换性钙与溶液中的钙保持平衡。

交换性镁是指被土壤胶体所吸附，并能被一般交换剂所交换出来的镁，能被植物利用。

土壤交换性钙和交换性镁的含量是表征土壤供钙供镁状况的主要指标。

2）土壤中的有效硫

硫是植物体内含硫氨基酸、蛋白质的重要构成元素，同时还参与叶绿素的合成，对植物体内某些酶的形成和活化也起着重要作用，是植物生长发育所必需的中量营养元素。

植物对硫的需求仅次于氮磷钾，因为土壤对硫的固定能力远不如对磷的固定，所以土壤缺硫现象不像缺磷那么常见。

有效硫是指土壤中直接被植物吸收利用的硫，通常包括易容性硫、吸附性硫和部分有机硫。

土壤中的硫元素是否能满足供应，决定着作物的产量和品质。

青岛市耕层土壤有效硫含量平均为 $35.56 \ mg/kg$。

（7）土壤微量元素

植物需要的微量元素包括锌、硼、铜、铁、锰、钼等。

虽然植物对微量元素需求量很少，但对植物的生长发育作用于大量元素同等重要，但当某种微量元素缺乏时，作物生长发育受到明显的影响，产量降低、品质下降。另外，微量元素过多，会使作物中毒，轻则影响产量和品质，严重时甚至危及人畜健康。

1）土壤有效锌

土壤中的锌可分为水溶态锌、交换态锌、难溶态锌和有机态锌，植物可利用水溶态、交换态和有机态的锌成为有效锌。

锌在植物体内间接影响生长素的合成，当作物缺锌时，生长处于停滞状态，植株矮小；锌也是许多酶的活化剂，通过对植物的碳、氮代谢产生广泛的影响，有助于光合作用;同时,锌还可以增强植物的抗逆性,提高籽粒重量,改变籽实与茎秆的比率。

青岛市耕层土壤有效锌含量平均为 1.66 mg/kg。

2)土壤有效硼

硼是高等植物特有的必须元素,对促进细胞壁的形成、核酸和蛋白质的合成、糖类运输、维持细胞壁功能、参与植物体内酶和生长调节剂的反应、授粉和结实过程等具有特殊生理和生化功能。

硼对植物的生殖过程有重要影响,与花粉的形成、花粉管的萌发和受精有密切关系。硼能与游离状态的糖结合,使糖容易跨越质膜,促进糖的运输。

缺硼时,植物的花药与花丝萎缩,花粉发育不良。油菜和小麦出现的"花而不实"现象与硼缺乏有关。缺硼时植物根尖、茎尖的生长点停止生长,侧根、侧芽大量发生,其后侧根、侧芽的生长点又死亡,从而形成簇生状。

甜菜的褐腐病、马铃薯的卷叶病和苹果的缩果病等都是缺硼所致。

土壤中的硼大部分存在于含硼的母岩里,少部分存在于有机质中。

土壤中的硼分为酸不溶态、酸溶态和水溶态的 3 种形式。有效硼是被植物吸收利用的土壤溶液中的硼和可容性硼酸盐中的硼。

3)土壤有效铜

土壤中的铜来自含铜矿物,如原生矿物黄铜矿等,次生矿物中也含有一定数量的铜。

土壤矿物风化后释放出来的铜离子大部分被有机物所吸附。在渍水条件下形成硫化物——硫化铜,当土壤变干时又被氧化成硫酸铜。

土壤中的铜分为水溶态铜、交换态铜、非交换态铜或专性吸附态铜、有机结合态铜和矿物态铜。其中水溶态铜、交换态铜对植物都是有效铜。

植物需铜量不多,多集中在幼嫩叶片、种子胚等生长活跃的组织中。

铜元素的营养功能主要是构成铜蛋白并参与光合作用,约有 70% 的铜结合在叶绿体中。铜还是植物体内许多氧化酶的成分,或是某些酶的活化剂。这些含铜的氧化酶参与植物体内氧分子还原,对植物呼吸作用有明显的影响。

铜还是过氧化物歧化酶(SOD)重要组成成分,此酶具有催化自由基歧化的作用,以保护叶绿体免遭超氧自由基的伤害。此外,铜还参与氮代谢,影响固氮作用。铜的另一个重要营养功能就是促进花器官的发育。

青岛市耕层有效铜平均含量为 1.961.66 mg/kg。

4)土壤有效铁

铁在地壳中含量丰富,占地壳质量的 4.75%,仅次于氧、硅、铝,位居第四。

铁是植物光合作用、生物固氮和呼吸作用中的细胞色素和非血红素铁蛋白的组成成分。铁在代谢方面的氧化还原过程中起着电子传递的作用。由于叶绿体的某些叶绿素－蛋白复合体合成需要铁,所以缺铁时会出现叶片叶脉间缺绿。

缺铁发生于嫩叶,因铁不宜从老叶中转移出来,缺铁过甚或过久时,叶脉也缺绿,全叶白化。

土壤中,铁的形态很复杂,在无机铁中有各种结晶状的氧化铁矿物,还有胶状态的氢氧化铁。除固体状态的铁化合物外,无机形态中主要是交换态铁和溶液中铁,这些形态的铁对植物是有效的。

青岛市耕层土壤有效铁含量平均为 33.89 mg/kg。

5）土壤有效锰

锰广泛存在于自然界中,土壤中含锰 0.25%。植物主要吸收锰离子,有效的锰包括代换态锰、有效态锰和活性锰。锰是植物细胞中许多酶的活化剂,尤其是影响糖酵解和三羧酸循环,锰使光合中水裂解为氧。缺锰时,叶脉间缺绿。缺绿会在嫩叶或老叶中出现,伴随着小坏死点的产生。茶叶、小麦及硬壳的果实含锰较多。

青岛市耕层有效锰含量平均为 41.19 mg/kg。

6）土壤有效钼

钼是植物体内必需的 7 种微量元素之一,约占植物干物质量的 0.5 mg/kg,是不可缺少和不可替代的。钼是植物体内固氮菌中钼黄素蛋白酶的主要成分之一;也是植物硝酸还原酶的主要成分之一;还能激发磷酸酶的活性,促进作物内糖和淀粉的合成与输送;有利于作物早熟。有效钼是指能被植物吸收的钼,包括交换性钼及水溶性钼,可作为评价土壤钼供应水平的指标。近年来,国内广泛采用钼酸铵作为微肥,能显著提高豆类、花生、牧草及其他作物的质量和产量。这主要是钼能促进根瘤菌和其他固氮生物对空气中氮素的固定,并将氮素进一步转化成植物所需要的蛋白质。钼也能促进植物对磷的吸收并在植物体内发挥作用。钼还能加快植物体内碳水化合物的形成与转化,提高植物叶绿素的含量与稳定性,提高维生素 C 的含量。钼还能提高植物的抗旱、抗寒及抗病性。

二、耕作土壤的团粒结构

土壤是植物生长、繁育的主要基质,是一个疏松多孔的体系,由固体、液体和气体三相物质构成。

团粒结构的作用有以下五种。

第一,团粒结构是土壤的"小水库"。把团粒结构比喻成土壤的"小水库",是因为团粒结构有着良好的协调水分和空气的能力。具有团粒结构的土壤,由于团粒间大孔隙增加,大大地改善了土壤透气能力,容易接纳降雨和灌溉水。水分由大孔隙渗入土壤,逐步进入团粒内部的毛管孔隙中,使团粒内部充满水分,多余的水分继续渗湿下面的土层,减少了地表径流和冲刷侵蚀。所以,这种土壤既不像黏土不渗水,又不像沙性土不保水。大孔隙中的水分渗完以后,空气就能补充进去。团粒间空气充足,团粒内部贮存了水分,这样就解决了水分和空气的矛盾,适于作物生长的需要。雨后或灌溉后,团粒结构的表层土壤水分也会蒸发,表层团粒干燥以后,与下层团粒切断了联系,形成了一个隔离层,使下层水分不能借毛细管作用往上输送而蒸发,水分得以保存。团粒结构使土壤变成了一个"小水库"。

第二,团粒结构是土壤的"小肥料库"。"小肥料库"的作用就是既能够贮存养分,又能够或快速或长效地释放养分。团粒结构可以很好地协调土壤养分的消耗和积累之间的矛盾。具有团粒结构的土壤,团粒间大孔隙供氧充足,好气性微生物活动旺盛,因此团粒表面有机质、矿质养分等分解快而养分供应充足,可供植物利用。团粒内部小孔隙则相对缺乏空气,微生物活动缓慢,一些厌氧微生物进行嫌气分解,有机质分解缓慢而养分得以保存。团粒结构外部分解得越快,内部空气就越少,分解也就越慢。所以团粒结构的土壤是由团粒外层向内层逐渐分解释放养分,这样既源源不断地向植物供应养分,又可以使团粒内部的养分积存起来。因此起到了"小肥料库"的作用。

第三,团粒结构有着对温度及酸碱度的缓冲性能。团粒结构内部水分保持得好,干湿度变化稳定,那么土壤的温度变化就越小,所以团粒结构多的壤土的温度变化比不保水的沙土低,夜间却比沙土高。土温稳定,就有利于植物生长。特别是在寒冷的冬季,土壤温度变化小不仅可以降低对根系的影响,同时为整个棚室提供了稳定的夜温。

团粒结构中包含一定量的有机弱酸,它们可以起到对酸碱度的良好平衡。酸性土壤,氢离子浓度大,铁铝氧化物多,这些有机弱酸可以与铁、铝离子结合,释放出氢氧根与土壤溶液中的氢离子起中和反应,从而降低土壤酸度。对于碱性土壤,这些弱酸可以与过量的碳酸钠、钙、镁盐等发生反应,降低土壤的碱性。

第四,土质疏松、耕性良好。团粒结构的土壤土质疏松,易于耕作,宜耕期长,耕作质量好,种子易于发芽出土,根系易于伸展,出苗整齐。

第五,维持较高的土壤生物多样性。由于团粒结构的土壤大小孔隙同时存在,且比例适当,水气环境多元、物质能量供应多元,这为不同大小体型、好氧厌氧生活习性的动物、微生物提供了良好的生存空间。这对于农业生产而言,由于其较高的生物多样性而为土壤的物理、化学和生物肥力提供了重要保障。

土壤的固体物质包括矿物质和有机质两部分。液体部分是指土壤的水分,它在土壤的孔隙之间运动,是土壤中最活跃的部分。土壤的气体部分是指土壤的空气,它充满在那些没有被水分占据的孔隙中。其孔隙分大、中、小三种。生物有机肥中特有的生物菌进入土壤后,会使中孔隙的数量增加。

其中,大孔隙叫充气孔隙。大孔隙不宜太多,太多了水分容易跑掉,小孔隙的孔径太小,不利于植物的透气和扎根。中孔隙也叫持水孔隙,这种孔隙越多越适宜作物的生长,就像我们人体的皮肤一样,保水性、透气性越好就越健康。

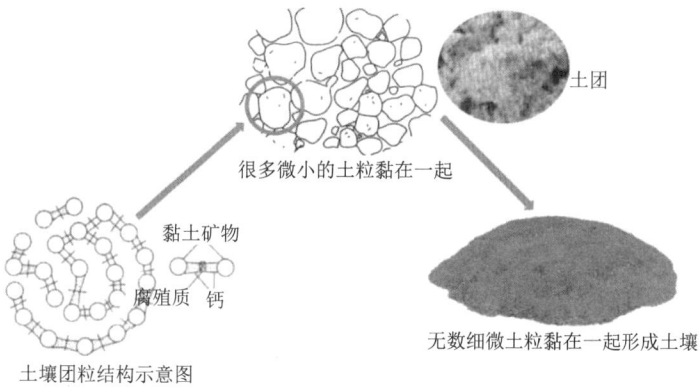

很多微小的土粒黏在一起

土团

黏土矿物

腐殖质　钙

无数细微土粒黏在一起形成土壤

土壤团粒结构示意图

图 1-1　土壤团粒结构(1)

土壤团粒是由若干土壤单粒黏结在一起形成团聚体的一种土壤结构。这种结构体表现为团粒间为大孔隙,团粒内为小孔隙,大小孔隙同时存在且比例适当,总孔隙度高,无效孔隙少。

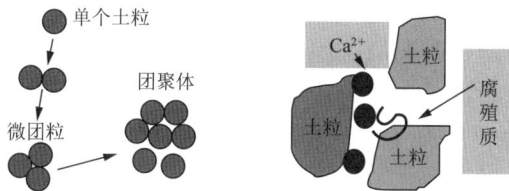

单个土粒

微团粒

团聚体

Ca²⁺

土粒

腐殖质

图 1-2　土壤团粒结构(2)

团粒是由多种微生物分泌的多糖醛酸酯、黏粒矿物以及铁、铝的氢氧化物和腐殖质等胶结而成的。总之,土壤团粒结构是通过干湿交替、温度变化等物理过程,化学分解和合成等化学过程,高等植物根、土壤动物和菌类的活动等生物过程以及人为耕作等农业措施因素而形成的,其中以人类耕作等农业措施对土壤团粒结构的形成影响最大。

团粒结构对土壤肥力的作用:① 能协调水分和空气的矛盾;② 能协调土壤有机质中养分的消耗和积累的矛盾;③ 能稳定土壤温度,调节土热状况;④ 改良耕性,有利于作物根系伸展;⑤ 对温度及酸碱度的缓冲性能;⑥ 维持较高的土壤生物多样性。

团粒结构对土壤肥力的调节:① 团粒结构土壤中大小孔隙兼备,团粒间有非毛管孔隙,使土壤既能保水,又能透水,形成良好的土壤空气和热量状况,有利于根系的伸展及养分的保存和供应。团粒结构是土壤肥沃的标志之一。② 土壤胶体有较大的表面积,在溶液中带有电荷,并有吸收、膨胀、收缩、分散、凝聚、黏结和可塑性等特性。由于土壤中有机胶体吸收性强,因此土壤吸收某些溶解的养料就多,这样,土壤保肥性就强。③ 在团粒结构中,在团粒的表面(大孔隙)和空气接触,有好气性微生物活动,有机质迅速分解,供应有效养分;在团粒内部(毛管孔隙),贮存毛管水而通气不良,只有嫌气微生物活动,有利于养分贮藏。因而土壤微生物活动强烈,生物活性强,土壤养分供应较多,所以有效肥力较高。④ 团粒结构的土壤宜于耕作,具有良好的耕层结构,调节水、气矛盾的能力强,保肥和供肥能力较强。

形成土壤团粒结构的农业措施:① 施肥,增施有机肥,提高土壤有机质含量;② 深耕,正确的土壤耕作;③ 合理的轮作制度;④ 调节土壤阳离子组成、土壤结构改良剂的应用;⑤ 合理灌溉、晒垡和冻垡。

创造良好的土壤团粒结构要做到:① 精耕细作,增施有机肥。耕作措施如翻耕、晒垡、冻垡、耙地等使土粒细碎;深耕结合施有机肥,则改善土壤通透性,同时提供有机质胶结物,促进结构形成。经过培肥改良后形成一定程度团粒结构的土壤应避免频繁耕作,宜采用保护性耕作。② 合理轮作。作物根系活动可以促进土壤团粒结构的形成,尤其是豆科绿肥,根系发达,长期种植土壤结构可大为改观。设施种植土壤也可以采用非豆科与豆科作物轮作、深根系作物与浅根系作物轮作等来改善土壤结构。③ 合理灌溉,防止结构被破坏。要求选择合理的方法、合理的水量、合理的次数等。④ 改良土壤酸碱性。过酸过碱的土壤结构一般较差,如碱土的土粒高度分散,湿时泥泞,干时坚硬。含钠高的碱土可以使用石膏,酸性土壤则使用石灰,都有改良土壤结构、促进团粒形成的效果。⑤ 施用土壤结构改良剂。根据团粒形成的原理,利用植物残体、泥炭、褐煤为原料,从中提取腐殖质、纤维素等物质制作而成,是人工制造的模拟天然结构剂的高分子聚合物。这些物质都是良好的胶结剂,施入土壤具有改良结构的作用。

三、土壤深层探究

只有健康的土壤才能带来高产效率。它是形成可持续性高产和保护环境的基础。

土壤的自然生产能力明显下降,主要的原因在于下层土壤的严重板结以及根系空间开放减少。高轮胎压力和反复行驶导致下层土壤板结。在湿壤的条件下田间行驶过多,在沙土地由于机具晃动(震动效应)也会加剧土壤板结。

图 1-3　土壤剖面

此外,过于密集的轮作——如在轮作中玉米或大豆的种植比例大于50％——土壤板结敏感性增加。特别是玉米作为浅根植物播种和疏忽钙肥施用板结风险明显增强。含有黏土的重壤土,pH 值为 5.5,需要 8～10 年的时间,每年施钙肥 CaO 1 000 千克／公顷(67 千克／亩),才能使土壤走出板结危险,恢复产量能力。简而言之:钙肥不代表一切,但是没有钙肥一切都成空。

土壤结构损伤不只是降低产量,还会提高肥料和农药的支出。它会减少养分使用的平衡和缓冲作用,也会大大降低土壤生物活性,这恰恰是分解农药和提高土壤肥力的关键。因此,优化作物种植,适合耕种的土壤,其恢复土壤健康高产的能力是非常重要的。

下层土壤的板结导致空气和水分的孔隙减少,滞水增多(植物不能吸收),土壤中水分和根系空间的可利用田间持水量减少。由于缺乏空气和 pH 值太小,严重抑制了免费劳动力——微生物的生长。如果上茬作物秸秆粉碎不好,整地不够充分,在田间形成秸秆草垫,这种迹象表明土壤生物活性减少。另外,作物的染病概率也会随之上升。

减产因素:研究表明,下层土密度如果由 1.5 克／立方厘米上升到 1.6～1.7 克／立方厘米,小麦的产量损失会达到 10%～30%。因为这会引发一系列的环境风险,如侵蚀、肥料养分可利用率低、农药过量施用以及分解不好(提高土壤中农药负担)。

随着土壤板结上升还有一个问题:它会减少降雨后土壤的蓄水储存能力(过滤)。水的溶蚀是影响土壤蓄水能力的最主要原因。2012 年的田间日我们已经在示范田证明由于蓄水能力差导致土壤板结。在土壤切面 1.3 米深处可见,根系伸展以及根部从土壤中吸收水分受到抑制。

下层土壤的结构一旦被破坏将不易被恢复。采取正确的作业步骤固然是好的,但也要重视如何持续获得产量要求和改善土壤。重要的是,事前做好土壤的诊断和评估工作。

在进行机械深松整地之前应该采取以下步骤。

基础养分分析:钾、磷、镁、氮。分层分析土壤 pH 值:0～30 厘米、30～60 厘米,从而在松土之前了解土壤结构,施钙情况。板结严重的土壤可在土壤干燥时进行一次性深松,最好在谷物收获后进行。主要目标是打断板结层和创造土壤大孔隙。这种深松主要致力于保证生物稳定性以及持续改善钙质平衡。土壤缺乏钙质则无法达到产量要求。

必须要选择适当的深松工具,改善土壤板结,实现预期产量。钙肥在土壤中对于微生物的发展、改善土壤肥力和承载能力都有着非常积极的作用。

第二节　土壤耕作制度的含义及内容

一、耕作制度

耕作制度亦称农作制度(Farming System),是指一个地区或生产单位农作物种植制度和与之相适应的养地制度的综合技术体系;它以种植制度为中心,以养地为基础。

二、养地制度

养地制度(Soil Management)是与种植制度相适应的以提高土地生产力为中心的综合技术体系。主要包括以下内容。

（一）土壤耕作

土壤耕作是使用农具以改善土壤耕层构造和地面状况的多种技术措施的总称。一般分基本耕作(如翻耕、深松耕等)和表土耕作(如耙地、耢耱、整地、镇压、铲地、耖田等)两类。

土壤耕作是一项古老的农业技术,随着人类社会的进步和农业生产技术的改进,经历了从原始"刀耕火种"到现代机械化耕作的逐步演变。中国大约早在夏商至春秋时代已用木制耕具"耒耜"以及二人"耦耕"等方式耕田。春秋以后至战国时期,木犁上开始带铁铸犁铧,以畜力代替人力。约在秦汉时代发明的犁壁,使翻土作业更加完善。此后又增添了耧、劳(耢)、陆轴(碌碡)、锋等整地农具,至魏晋南北朝已逐渐形成了一套适合北方旱地的以耕、耙、耱相结合的抗旱保墒耕作技术。元代以后,南方以耕、耙、耖相结合的水田耕作技术也趋完善,并总结了"冻融""曝晒"(冻融晒垡)等熟化土壤的经验。近代农业发达国家在 20 世纪初期开始应用拖拉机,形成了一套翻、耙、耢相结合的传统耕作法。之后有些国家,首先是美国,认为传统耕作法需要多种机具多次进入田间耕作,容易破坏土壤结构,在 20 世纪 40 年代开始研究减少土壤耕作次数的少耕体系,60 年代出现了播种前不单独进行任何土壤耕作,在播种时一次完成切茬、开沟、喷药、施肥、播种、覆土等多道工序的免耕法,但只在特定条件下应用于部分地区。

土壤耕作目的。① 改善土壤结构。使作物根层的土壤适度松碎,并形成良好的团粒结构,以便吸收和保持适量的水分和空气,促进种子发芽和根系生长。② 消灭杂草和害虫。将杂草覆盖于土中,或使蛰居害虫暴露于地表面而死亡。③ 将作物残茬以及肥料、农药等混合在土壤内以增加其效用。④ 将地表弄平或作成某种形状(如开沟、作畦、起垄、筑埂等)以利于种植、灌溉、排水或减少土壤侵蚀。⑤ 将过于疏松的土壤压实到疏密适度,以保持土壤水分并有利于根系发育。⑥ 改良土壤。将质地不同的土壤彼此易位。例如,将含盐碱较重的上层移到下层,或使上、中、下三层中的一层或二层易位以改良土质。⑦ 清除田间的石块、灌木根或其他杂物。

（二）中国古代土壤的耕作

中国古代土壤精耕细作的传统约形成于战国时期。魏、晋、南北朝时期,北方形成了耕－耙－耱的耕作体系。唐、宋时期南方水田形成了耕－耙－耖耕作体系。许多独到的经验今日仍有借鉴作用。

西周至春秋战国时期,中国的主要农区在秦岭和淮河一线以北的广大地区。由于这一地区降雨少、雨水分布不匀，常有干旱威胁，土壤耕作上重视保墒防旱。当时通行的"畎亩法"，所谓"垄上曰亩，垄中曰畎"，即后世所称的"垄作法"，在《诗经》中已有不少记载。春秋战国时期，不少文献都把"畎亩"作为农业的代名词，如《国语·周语》中把"畎亩之人"作为农夫的代名词，《国语·晋语》把"畎亩之勤"作为牛耕的代名词，《孟子》和《庄子》把在农田中从事农耕的人称作在"畎亩之中"等，都说明当时已通行"畎亩法"。《吕氏春秋·任地》中总结的"上田弃亩，下田弃畎"，为人们平地势以免旱涝指出了方向。书中还提出"凡耕之大方，力者欲柔，柔者欲力；息者欲劳，劳者欲息；棘者欲肥，肥者欲棘；急者欲缓，缓者欲急；湿者欲燥，燥者欲湿"，认为可以通过土壤耕作措施使土壤中的水肥等因素达到协调。"地可使肥，亦可使棘"，关键是要措施得当，因地、因时制宜，合理耕作。春秋以前的文献中，论及耕地的不少，但尚未见到"深耕"的提法。随着铁制农具的创制和牛耕的推行，深耕越来越受到重视。《管子·小匡》中有"深耕，均种，疾耰"，《国语·齐语》中也有"深耕而疾耰之，以待时雨"之说。到了战国时期，《孟子》提到"深耕易耨"，《韩非子》中则强调"耕者且深，耨者熟耘"，说明农业精耕细作的传统已奠定基础，"深耕"一词几已变成通行语汇。

秦、汉至魏、晋、南北朝时，北方保墒防旱的耕作体系渐趋完善，形成体系。汉武帝时，搜粟都尉赵过在关中地区推行"代田法"，是春秋战国时期"上田弃亩"法的发展。它的推行，取得了"用力少而得谷多"的效果。由于大型犁铧和犁壁的广泛应用，此时又创始了"翻耕法"，耕后用"耱"来进行整地作业。汉成帝时，关中地区推行的"区田法"，也是一种抗旱增产的好方法。魏、晋、南北朝时创始了铁齿耙后，又形成了"耕后有耙、耙后有耱"的耕作体系，从而增强了保墒防旱的能力。北魏贾思勰《齐民要术》总结了当时及前代的土壤耕作经验，提出"务遣深细，不得趁多"以及"秋耕欲深，春夏欲浅""初耕欲深，转地欲浅"；还根据大豆"地不求熟"的特性，首次总结了免耕播种的"㧟种法"；此外，还特别重视中耕除草，指出"凡五谷，唯小锄为良"和"锄不厌数"等，大大丰富了精耕细作的内容。

唐宋时期，中国的经济重心南移，南方的水田农业已有长足发展。唐代"江东犁"的创制，以及"碌碡"和"砺"等水田整地农具的发展，使水田耕作技术进一步发展。"耕后有耙，耙后有耖"这种水田耕作体系的形成和发展，将水田耕作技术提高到一个新水平。为适应稻麦轮作复种的发展，元代《王祯农书》所叙述的开疄作沟、疄沟腰沟、沟沟相通、整地排水，是当时稻后种麦排水防渍行之有效的经验。这一时期，北方地区又提出"秋耕为主，春耕为辅"；在强调

"犁深"的同时，特别重视"耙细"。

明清时期无论是北方旱地还是南方水田，都注意深耕细作。明代马一农《农说》提出了"九寸为深"，并指出"启原宜深，启隰宜浅"。《沈氏农书》在总结太湖地区铁搭垦耕经验时，总结了"二、三层起深"的分层深耕经验。清代《马首农言》在山西寿阳的特定条件下，总结了"凡犁田，深不过六寸，浅不过半寸"以及山田、河地等因地掌握耕地深浅的经验。《知本提纲》还提出"浅深浅"耕作法，所谓"地耕三次，初耕浅，次耕深，三耕返而同于初耕"。明清时期随着复种轮作和间作套种的发展，翻耕耙糖和免耕播种相结合，已成为耕作改制的重要内容。特别是在实行双季间作稻、麦稻套种等种植制度的地方，已普遍推行翻耕与免耕结合的轮耕方式。

（三）土壤耕作体系

各个单项的土壤耕作措施，都只有各自独特的效能，如铧式犁翻耕可以松土、碎土和翻土，圆盘耙耙地可以浅松、碎土和平整，糖地可糖碎土块和糖平地面，耖田可平整水稻田，使土壤上层起浆，便于插秧等。而要达到良好的耕层结构和地面状况，必须根据当地自然条件和作物种植方式等，采用一系列互相配套的土壤耕作措施。由适应当地种植制度的一系列土壤耕作措施所形成的体系，称为土壤耕作体系，亦称土壤耕作制。

中国地域广阔，自然条件、作物种类和农具各不相同，因而有多种因地制宜的土壤耕作体系。如华北小麦-玉米一年二熟地区，一般是秋季收割玉米后，用铧式犁翻耕约20厘米深，再耙糖平整地面，然后播种小麦，翌年6月麦收后进行旋耕或浅耕，再播种玉米。东北北部春小麦、玉米、大豆一年一熟轮作地区，主要的土壤耕作措施安排在玉米收获之后。通常秋季深耕20～22厘米，翌年早春顶凌耙压播种大豆，秋季收豆后进行耙茬深松；第3年春季耙耢播种小麦，7～8月小麦收割后先耙地灭茬，然后进行深松和作垄，或在秋季翻耕后作垄；第4年春季在垄上点播玉米。南方一年三熟双季稻地区在后季稻收割后，用有壁犁深翻20厘米左右，干耕干耙，播种冬小麦或移栽油菜，翌年夏收后，浅耕深12～16厘米，再经旋耕10～12厘米后，浅水耖耙栽种早稻；早稻收割后，一般只进行旋耕深10～12厘米，再经耖耙栽种后季稻。

合理的土壤耕作体系，包括各种耕作措施的程序、时间、深度以及所使用的方法、农具等，须根据当地气候、土壤、地形条件以及作物前、后茬口的特性、水肥、杂草、病虫害等方面的情况，因地、因时制宜，才能达到创建适宜耕层构造和地面状况的目的。同时应力求减少耕作次数和机车进地次数，以减轻机具对土壤结构的破坏,降低成本,提高效益。

1. 精耕细作法

精耕细作法也是常规耕作法,在作物生产的过程中由机械翻耕、耙压和中耕组成的土壤耕作体系。

精耕细作是中国古代农业的生产模式,精耕细作萌芽于夏商周时期,战国、秦汉、魏晋南北朝是技术成形期,隋唐宋辽金元是精耕细作的扩展期,明清是深入发展期。

中国精耕细作历史发展情况如下所述。

(1)春秋至秦汉

特征:精耕细作开始。

表现:① 春秋时期出现当时世界上最先进的垄作法;② 汉代赵过推行代田法,能防风抗旱,并出现区田法,强化精耕细作技术;③ 汉代农学著作《氾胜之书》反映了农作物从耕种到收获全过程的规律;④ 汉代发明了耧车;⑤ 耕作制度以连年种植制为主,有些地方实行休耕制,出现两年三熟制。

(2)魏晋南北朝

特征:黄河流域以精耕细作为特点的农业生产技术已经日臻成熟。

表现:① 北魏《齐民要术》是世界上现存最早的杰出农书;② 江南垦田面积扩大,耕作技术有较大进步。

(3)隋唐

特征:南方水田的精耕细作技术逐步成熟;

表现:① 水稻种植普遍采用育秧移栽等技术;② 江东地区出现曲辕犁,安装犁评,适应水田和各种土壤的精耕细作犁耕技术日渐完善。

(4)宋元

特征:精耕细作技术进入全面成熟时期。

表现:① 北方旱地出现中耕农具耧锄;② 江南形成稻麦轮作的一年两熟制,有些地方形成一年三熟制,经济中心南移;③ 农作物品种交流非常广泛。

(5)明清

特征:精耕细作农业继续发展。

表现:① 北方两年三熟制和三年四熟制,南方长江流域发展多种形式一年两熟制;② 大量农作物新品种被培育出来;③ 由国外引进玉米、甘薯等高产农作物;④ 经济作物种植面积扩大,形成专业生产区域;⑤ 出现《农政全书》和《天工开物》等农学著作。

图 1-4 战国时期的农具

图 1-5 西汉赵过耦犁

图 1-6 犁壁

图 1-7 西汉耧车

图 1-8 隋唐时期曲辕犁

图 1-9 西汉赵过:代田法

图 1-10 春秋战国:垄作法

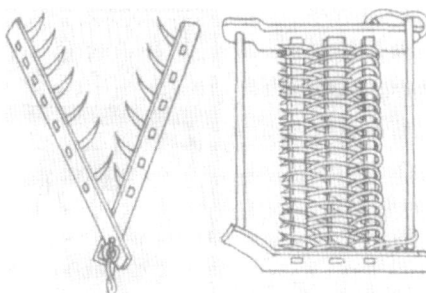

图 1-11 魏晋南北朝:耕耙耱技术

图 1-12　曹魏：龙骨翻车

2. 少耕法

少耕法是在常规耕作的基础上减少土壤耕作次数和强度的一种保护性土壤耕作体系。20 世纪 50 年代苏联推广的马尔采夫耕作法是采用无壁犁的深松耕作，也属于少耕法。1947 年美国有一位农民写了一本书《犁耕者的愚蠢》，批判了连年翻耕土壤的做法，引起各国农业科学家的注意。马尔采夫耕作法可以改善土壤结构，60 年代的美国也发展了这一耕作方法。70 年代我国黑龙江省也进行了深松耕作法的试验和推广。80 年代我国南方水稻生产地区进行过少耕法的试验和推广工作，并研制了与其配套的农机具。

3. 免耕法

免耕法是播种前不单独进行土壤耕作，作物生长期间不进行土壤管理而在茬地上直接播种的一种耕作方法。作业时一般用联合作业免耕播种机，在留有前作残茬的土地上一次完成切茬、开沟、喷药除草、施肥、播种、覆土等多道工序。广义的免耕法还包括少耕作业法，即在用犁翻耕的传统作业基础上，尽量减少作业的次数和工序，如用耙茬、旋耕或浅松耕等代替传统的翻耕作业，或用化学除草代替中耕作业等。

应用传统方法的免（少）耕技术在中国农耕历史上出现较早。青海、甘肃一带的砂田栽培法，用砂、石覆盖地面，可数年或十数年不耕，以减轻蒸发、保蓄水分、提高地温；华北地区麦收后直接在茬地上播种玉米、大豆；南方稻区在水稻收割后直接播种小麦（稻板麦）或在稻兜上点种大豆（稻根豆），以及水稻收割前套种紫云英（稻板绿肥）等，实际上也都是免耕作业方法。20 世纪 40 年代，美国的一些农业研究工作者和生产者认为传统的机械耕作需多种农机具多次进入田间耕作，造成土壤结构被破坏、土壤的紧密度增加，特别在干旱多风地区和坡地，容易引起失墒或水蚀、风蚀，从而进行了以减少整地次数为目的的少耕研究。之后又发现残茬和立茬覆盖地面对土壤有良好的保护作用，高效除草剂的发明和免耕播种机的研究成功，又为非机械方法的除草和不经翻耕、整地的播种提供了可能,再加上石油能源紧张等因素,遂使现代免耕技术得以产生和逐步发展。这种技术自 60 年代开始应用于美国的玉米、高粱、大豆和烟草等作物的生产,以后逐渐为世界各国所重视和采用。

免耕作业的特点:① 只有播种、喷药和收获 3 次作业,因而减少了翻耕、耙地等作业机械多次进入田间压实和破坏土壤结构的机会。② 由于减少了作业环节,农机具的购置和使用费用也可相应减少,并可降低单位面积的能耗。③ 地面保存残茬覆盖,可避免因雨滴直接打击地面而引起的土壤团粒散碎和地表板结;还可减少径流和蒸发,有利于水分下渗和减轻水土流失;对于降低地面风速,减轻土壤风蚀和防止土壤水分的迅速散失也有重要作用。④ 前作收获后可立即播种,从而节约农耗时间,有利于充分利用生长季节和实行复种;在春季多雨地区可不致因连绵阴雨而影响播种。⑤ 应用于半干旱地区、多风易旱地区或坡耕地,不仅可减少保持水土的费用,而且是减轻由于坡地中耕后引起水土流失而造成环境污染的一项有效措施。⑥ 由于免耕具有保持水土的作用,可使原来被认为利用价值较低的土地通过免耕而得到利用,从而提高土地的利用率。⑦ 免耕在实际应用中还存在不少有待解决的问题。如地面因有残茬覆盖,早春土温较低时不利于作物生长;禾本科作物残茬在分解过程中产生的有毒物质,会严重影响下茬禾本科谷类作物的种子萌发和根系生长;除草剂和杀虫剂的耗费较多,而消灭杂草和病、虫的效果有时不太显著等。此外,免耕对低洼易涝、土质黏重坚实和耕层构造不良的土地并不适用。

4. 保水耕

保水耕是对土壤表层进行疏松、浅耕,防止或减少土壤水分蒸发的一类保护性耕作技术体系。

5. 联合耕作法

联合耕作法是作业机在同一种耕作状态下或通过更换某种工作部件一次完成深松、施肥、灭茬、覆盖、起垄、播种、施药等作业的耕作方式。

三、耕作的技术原理

(一)土壤耕作的实质

土壤耕作的措施与其他技术措施不同,并不是对土壤的肥力因素有什么增减作用,而是以机械的方式改善土壤与外界环境的条件关系,改善土壤的物理状况,调节土壤的三项比例关系,土壤耕作实质是通过机械的作用,创造土壤良好的耕层结构和孔隙度,调节土壤的水气状态,调和土壤肥力因素之间的矛盾,为作物高产奠定土壤基础。

(二)土壤耕作的主要依据

(1)根据降水和蒸发条件进行土壤耕作

通过土壤耕作调节水分的状况,对于易旱的农田,要蓄水保墒,减少水分蒸发;对易涝的农田,开沟排水,促进水分的蒸发。通过土壤的耕作调节土壤水分的蒸发。土壤水分的蒸发助长了土壤盐泽化,通过土壤耕作切断毛细管或降低上层土壤非毛管孔隙量均能有效防治土壤水分蒸发(如浅松)。

(2)根据干湿交替和冻融交替的状况进行土壤耕作

干湿交替和冻融交替对提高土壤的耕作质量有辅助作用。

(3)土壤耕作应有效防止风蚀和水蚀

土壤耕作应创造紧密的表土层,减少耕作次数,保持良好的表土结构。等高耕作、残茬覆盖耕作有助于减少农田水蚀,地面留茬、覆盖、少(免)耕、开沟起垄等增大地表粗糙度均有利于防止农田风蚀。

(4)土壤耕作与土壤特性相适应

表土层:0~10厘米表土层经常受气候和栽培措施的影响,变化较大,表土耕作要围绕稳定表土结构,促进通气透水,防止水分蒸发。覆盖层(0~3厘米),种床层(3~10厘米)。

稳定层:10~30厘米土壤稳定层,也称根际层,为根系活动层次,该层受外层耕作因素影响小,其理化、生物形状相对稳定,对作物的发育起决定性的作用。

犁底层:对于土层较薄、砂砾底易漏水漏肥的土壤来说,犁底层具有保水、保肥、减少渗漏的作用。但对土层较厚的农田,则不利于将水分储藏在心土层,有造成耕层泽水的危险,对盐碱土壤更为不利。

心土层:犁底层以下的土壤称为心土层。土壤结构紧密,毛管空隙占绝对优势,是保水储水重要层次。耕作主要是做好深层贮水,消除犁底层,防治耕层土壤水分蒸发,提高渗透性,稳定贮水效果。

(5)土壤耕作要与作物相适应

不同作用对土壤的环境要求不同,根茎类起垄栽培,小粒种子作用要求种床平整土壤细碎。

(6)土壤耕作要与农业技术措施相适应

有机土杂肥和绿肥施用量大必须深翻;化肥施肥量少,可结合播种施入;豆类作物茬口较好,为肥茬或软茬,收获后可不翻耕,采用耙茬即可;对于茬口为硬茬或瘦茬应进行翻耕疏松耕层、熟化土壤。

四、耕作机械的类型

对耕作层土壤进行加工整理的农业机械。根据耕作措施分基本耕作机械和表土耕作机械(又称辅助耕作机械)两大类。基本耕作机械用于土壤的耕翻或深松耕,主要有铧式犁、圆盘犁、凿式松土机、旋耕机等;表土耕作机械用于土壤耕翻前的浅耕灭茬或耕翻后的耙地、耱耢、平整、镇压、打垄作畦等作业以及休闲地的全面松土除草,作物生长期间的中耕、除草、开沟、培土等作业;主要包括各种耙、镇压器中耕机械等。土壤耕作机械按动力传递方式有非驱动型和驱动型两类。非驱动型土壤耕作机械主要依靠牲畜或拖拉机的牵引力进行作业,其工作部件与机体之间没有相对运动,或只在土壤反力作用下做被动旋转或弹跳运动,如铧式犁、圆盘犁、凿式松土机、圆盘耙等;驱动型土壤耕作机械除由动力牵引做前进运动外,其工作部件同时由动力驱动作往复式或旋转式运动,如旋耕机、动力锹、旋转锄、旋转犁等。有些土壤耕作机械能一次完成两项或多项土壤耕作作业,称联合耕作机,如耕耙犁、种床整备机等。

不同的土壤耕作机械,其工作部件的结构和性状不同,在作业时程度不同地分别或同时起到切土、剪裂、破碎、翻转、推移、疏松或压实等作用。不同类型的土壤耕作机械,适应不同地区不同的土壤、气候和作物条件,满足不同条件下的不同耕作要求。如在干旱、半干旱地区,为保持土壤水分,防止水土流失,宜采用土垡不翻转的深松耕机械,如凿式松土机;在湿润、半湿润地区,宜采用具有良好翻垡覆盖性能的耕作机械,如滚垡型铧式犁;土质黏重或水田地区的土壤耕作宜采用剪裂断条、碎土性能良好的耕作机械,如窜垡型铧式犁、旋耕机等。

土壤的机械组成、物理结构、有机质含量和土壤含水量等因素,对土壤耕作机械的作业难易、耕作质量、能量消耗等有显著影响,这些因素构成了土壤的适耕性。此外,耕种的适时性对作物产量有重大影响。因此,预先采取综合性措施,使土壤及时处在适耕性良好的状态下,不误农时地使用适当类型的土壤耕作机械进行耕作,并同相应的生物措施、化学措施、排灌措施相结合,就能充分发挥土壤耕作机械的作用,提高耕作质量,为作物生长发育创造良好的土壤环境条件,以获得良好的经济效益。

土壤耕作机械的发展趋势是:发展各种联合耕作机或耕播联合作业机组,以减少拖拉机进入田间的次数,减轻对土壤的压实;发展驱动型土壤耕作机械,以减少作业机所需的牵引力,避免驱动轮打滑并充分利用拖拉机的功率;使用免耕、少耕法机具,以降低耕作能耗,避免土壤因过度耕作而引起的结构破坏,防止水土流失;在耕地面积广阔的地区,为同大功率拖拉机配套,发展高速、宽幅、高效机具,同时避免整个机组过重,引起土地深层压实的积累;在地块狭小的地区或坡耕地上,土壤耕作机械仍以小型为主。在结构上,采用低压轮胎和电子、液压部件;在工作部件的研制和设计上,注意利用土壤抗张强度小的特点以及与生物耕法、化学耕法等相结合,以改善土壤中的生态系统和整个农业的生态环境。

(一) 铧式犁

铧式犁是以犁铧和犁壁为主要工作部件进行耕翻和碎土作业的一种犁。

中国传统铧式犁由古代木制耕地工具耒耜演变而来。耒耜始创于传说中的神农氏时期,距今约 5 000 年。耒为一根曲柄歧头的木棒,耜为耒端的横木。耒耜最初是由单人操作,后发展为两人相对、共同操作的“耦耕”法,再发展成一人在后推耒首,一个以绳向前牵曳的人力牵引式,最后用牛拉代替人力牵引,从而完成了向犁的演变。中国用牛耕地至晚开始于殷代武丁至帝乙年间。商代的耒耜为木制,至西周时期出现了青铜犁铧。战国年间已开始使用铁制犁铧,并有了当时称为“勾庇”的曲面犁壁。到唐代已形成结构相当完善的畜力铧式犁。唐末陆龟蒙著《耒耜经》中所描述的犁与近代使用的传统畜力犁基本相同。唐代以后对犁的改进是在元代增加了刀,即犁刀。20 世纪 50 年代初,中国开始生产和推广西方型畜力犁和经过改进的水田犁;1957 年生产拖拉机牵引式五铧犁;60 年代初生产悬挂式犁;到 70 年代中期,生产的旱地和水田铧式犁系列共30 多种型号,分别与牵引力为 5～25 千瓦的拖拉机配套。

图 1-13　耒耜演变为犁　　　　图 1-14　唐代犁

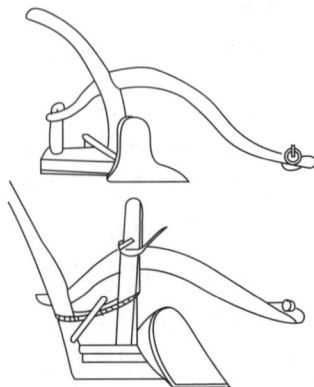

26

欧洲在 8 世纪出现了带有木制犁铧和犁壁的撒克逊犁。16 世纪初发展成为由十几匹马牵引的大型畜力犁。1730 年,装有木制犁壁的荷兰犁传入英国,经改进后成为欧洲有名的若泽罕犁。1785 年英国开始生产铁制犁铧。1788 年美国 T. 杰弗逊提出双曲抛物面犁体曲面的数学模型。1851 年英国制成了用蒸汽机带动钢丝绳牵引的天平式双向犁,这是用机械动力代替人、畜力耕地的开始。1868 年,美国开始使用中层较软、外层较硬的 3 层复合钢板制造犁壁,仲其兼有必要的强度和耐磨性。直至 19 世纪末使用内燃机的拖拉机出现后,铧式犁仍始终是最主要的配套农具之一。1922 年,英国制成了第一台悬挂铧式犁,使犁与拖拉机形成一体,最终改变了由拖拉机牵引畜力犁的作业方式。

1. 类型

按牵引动力不同分为畜力犁和机力犁。机力犁按挂接方式不同分牵引犁、悬挂犁和半悬挂犁;按用途不同则有通用犁、深耕犁、开荒犁、水田犁、山地犁、果园犁等之分。此外,还可按结构的不同分为双向犁、调幅犁等;按作业犁体的数量分为单铧犁、双铧犁、三铧犁等;按犁的重量和适应土壤的类型则可分为重型犁、中型犁和轻型犁。在铧式犁的基础上增加旋耕、松土或平地等部件可构成各种类型的联合耕作机。

双向犁(翻转犁)是在耕地的往返行程中,能使土垡始终向田块的同一方向翻转的铧式犁。起初是为了在耕斜坡地时使之总是向下翻垡而设计的,所以又称山地犁。它有多种形式:有的只用一个犁体,可以向左翻垡,也可转换成向右翻垡,如中国在 20 世纪 70 年代创制的摆式双向犁;欧美各国曾发展的天平式、键式和滚翻式等双向犁,现已不再使用;60 年代以来着重发展翻转式双向犁,犁上装有翻垡方向相反的两种犁体,在往返行程中交替使用,其耕翻质量较好,但犁的重量大。

图 1-15 翻转犁

2. 工作部件

铧式犁的主要工作部件是犁体,此外还有犁刀、覆茬器和安全器。

(1) 犁体

犁体由犁铧、犁壁、犁侧板(犁床)、犁托等组成,犁铧和犁壁的工作面组成犁体曲面。耕地时,土垡沿犁体曲面上升、破碎并翻转。铧式犁的耕作性能主要取决于犁体曲面的类型和参数:窜垡型犁体使土垡向上窜起后翻入犁沟中;滚垡型犁体则使土垡原地滚翻。曲面较陡、较短的犁体碎土性能强,但翻土能力较差;曲面较平缓、较长、扭曲度较大的犁体则与之相反。

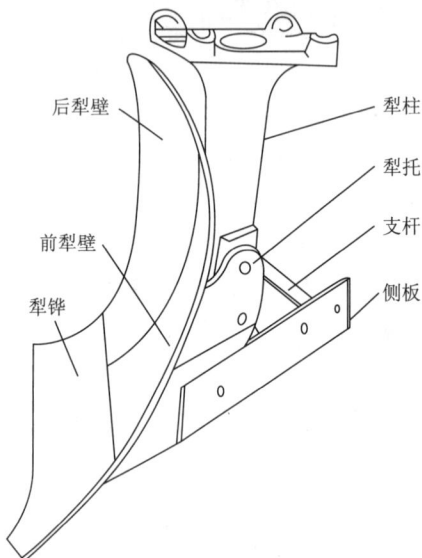

图 1-16 犁体

普通铧式犁犁体耕翻的土垡断面为矩形。20 世纪 70 年代初法国研制了土垡断面大致呈菱形的铧式犁体,被称为菱形犁体。其优点是在多铧犁上各犁体的纵向间距可比普通减少约 1/3,而不致引起土垡拥塞。

(2) 犁刀

犁刀有直犁刀和圆盘刀两种,安装在犁体前方靠未耕地的一侧,用以垂直切开土壤,使犁体耕起的土垡整齐,耕翻后犁沟清晰,有利于提高耕地质量。

(3) 覆茬器

覆茬器的作用是在土垡被犁体耕起前,先将靠未耕地一侧上层部分的土壤耕起并翻入犁沟内,随后由犁体耕翻的土垡将其覆盖,从而可使表层杂草大部分埋在下面。覆茬器的类型有铧式、切角式、圆盘式和覆草板式 4 种。铧式覆茬器也称小前犁(刮草犁)。

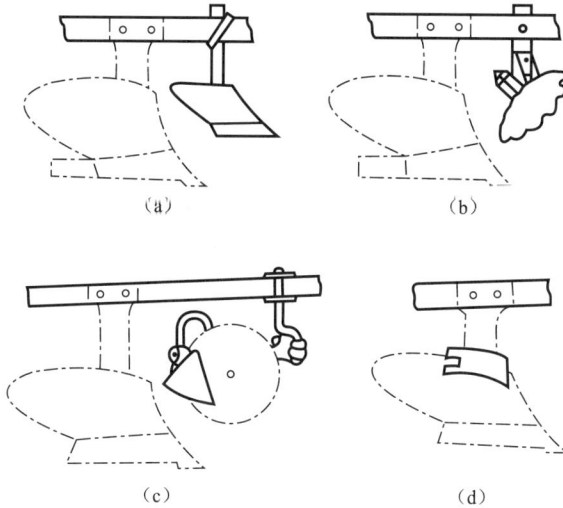

(a)　　　　　　　　　(b)

(c)　　　　　　　　　(d)

图 1-17　覆茬器

（4）安全器

为避免犁在遇到地下障碍物时造成损坏，常在铧式犁上装设安全器。整机式安全器装在牵引式犁的拉杆与拉环之间有销钉式和弹簧式两种，遇障碍物时销钉被切断或弹簧被压缩，使犁同拖拉机脱开。单体式安全器装在每个犁体的犁柱上，有销钉式、弹簧式、滚力式等多种类型，当某个犁体遇到障碍物时，该犁体能自动向上抬起，越过障碍物。越障后，有的能自动复位，有的需人工复位。

（二）圆盘犁

利用凹面圆盘来耕翻土壤的耕作机械。当圆盘犁被拖拉机牵引前进时，圆盘绕其中心轴转动，圆盘周边切开土壤，耕起的土垡沿转动的圆盘凹面上升并向侧后方翻转，耕后留有犁沟。其耕翻效果与铧式犁相同，但耕翻质量不如铧式犁。在绿肥田、草根地、多石地和黏湿地耕作时，它比铧式犁切断能力强，入土性好，易于脱土且不易堵塞。圆盘犁大约是19世纪末发明的，随后有了较大的发展，至1962年世界圆盘犁产量已占犁总数的10%～16%。美国南部、大洋洲中部使用较多。中国从20世纪50年代末开始使用圆盘犁，60年代中期开始生产悬挂式、牵引式以及与手扶拖拉机配套的小圆盘犁。

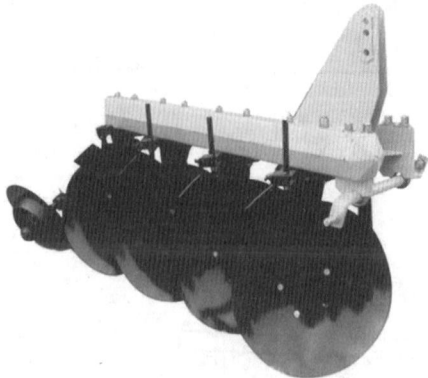

图 1-18 圆盘犁

1. 结构

圆盘犁包括左臂壳体、左支臂、齿轮箱、传动齿轮、啮合套、操纵杆、链轮箱、圆盘轴和圆盘片,操纵杆安装在齿轮箱上并与啮合套连接,还包括左箱体、主动轴、右箱体、从动轴、主动锥齿轮和被动锥齿轮,传动齿轮套装在主动轴上,啮合套套装在主动轴上,主动锥齿轮固定在主动轴的输出端,并与被动锥齿轮啮合,被动锥齿轮固定在从动轴的输入端,链轮箱内安装有主动链轮和从动链轮,主动链轮和从动链轮均为双链轮,主动链轮和从动链轮通过双链条连接,主动链轮与从动轴的输出端固定连接,从动链轮与圆盘轴固定连接。

2. 分类

圆盘犁按圆盘安装方式可分为普通型和垂直型两大型。普通圆盘犁和垂直圆盘犁的圆盘回转平面与前进方向之间都有一个 10°～30° 的偏角,起推移土壤和增强圆盘入土能力的作用。普通圆盘犁的回转平面不与地面垂直,而是略微倾斜,回转平面与地面铅垂线之间有一夹角称为倾角,一般为 30°～45°。具有倾角的普通圆盘犁,其偏角是由圆盘的水平直径与前进方向线所夹的锐角表示。能使圆盘易于切取土垡并使之升起后翻转。圆盘犁一般都在圆盘凹面的后上方安装刮土器,以防止土壤黏附。刮土器曲面还有协助翻垡的作用。

垂直圆盘犁的圆盘回转面垂直于地表面,只有偏角而无倾角。垂直圆盘犁的圆盘较小,一台犁上圆盘的数量较多(大型垂直圆盘犁的圆盘数有 30～40 片),主要用于浅耕和灭茬。也可配装种子箱和施肥箱,进行耕、播和施肥联合作业。

普通圆盘犁也有可以向左或向右翻转的双向圆盘犁。安装犁柱的犁梁相对于犁架可以左右水平摆动,以适应圆盘的换向。换向操纵机构有机械式或液压式。双向圆盘犁可使土垡始终向田块的一边翻转,耕后地表平整,不留沟垄。

驱动式圆盘犁于 20 世纪 80 年代在一些国家得到发展,由拖拉机动力输出轴驱动成组的圆盘,使之以大约 120 转 / 分的速度旋转,翻垡和碎土效果较好,用于耕潮湿地、稻茬地时能较好地利用拖拉机功率。

3. 应用特点

圆盘犁是与拖拉机三点悬挂连接配套,作业时犁片旋转运动,对土壤进行耕翻作业,适用于旱作区熟地、生荒地的杂草丛生,茎秆直立,土壤比阻较大,土壤中有砖石碎块等复杂农田的耕翻作业工具。它具有不缠草,不阻塞、不壅土,能够切断作物茎秆和克服土壤的砖石碎块、工作效率高、作业质量好、调整方便、简易耐用等特点。

(三)凿形犁

凿型犁又称深松犁,是只疏松土壤而不翻土的一种耕作机械。工作部件为一凿形深松产,安装在机架后的横梁上。凿形铲在土壤中利用挤压力破碎土壤,深松犁底层,没有翻垡能力,其前方带狭窄锋利的刃口,有直线型和曲线型。它主要用于破坏或松动坚实不透水的土层,以促进雨水渗透,提高水土保持能力,改善耕层结构,其耕深可达 80 厘米。当土壤黏重干燥时能获得最佳效果。凿形犁常用于少耕、免耕耕作法,也用于混有石块、再生灌木和残株的土壤耕作,可将石块、灌木及其他植物残株挖出并升到地表面上来,以利于耕后的各项作业。

图 1-19 偏柱式深松机　　　　图 1-20 凿形产

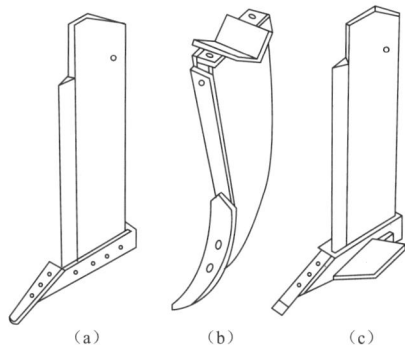

(四)旋耕机

旋耕机是以旋转刀齿为工作部件的驱动型土壤耕作机械,又称旋转耕耘机。按工作部件的配置和作业方式,旋耕机分为横轴式和立轴式两类,横轴式包括卧式旋耕机和旋转锹。以刀轴水平横置的横轴式旋耕机应用较多。分类有较强的碎土能力,一次作业即能使土壤细碎,土肥掺和均匀,地面平整,达到旱地播种或水田栽插的要求,有利于争取农时,提高工效,并能充分利用拖拉机的功率。但对残茬、杂草的覆盖能力较差,耕深较浅(旱耕 12～16 厘米;水耕 14～18 厘米),能量消耗较大。主要用于水稻田和蔬菜地,也用于果园中耕。重型横轴式旋耕机的耕深可达 20～25 厘米,多用于开垦灌木地、沼泽地和草荒地。

（1）横轴式

横轴式旋耕机有较强的碎土能力,多用于开垦灌木地、沼泽地和草荒地的耕作。工作部件包括旋耕刀辊和按多头螺线均匀配置的若干把切土刀片,由拖拉机动力输出轴通过传动装置驱动,常用转速为 190～280 转／分。刀辊的旋转方向通常与拖拉机轮子转动的方向一致。切土刀片由前向后切削土层,并将土块向后上方抛到罩壳和拖板上,使之进一步破碎。刀辊切土和抛土时,土壤对刀辊的反作用力有助于推动机组前进,因而卧式旋耕机作业时所需牵引力很小,有时甚至可以由刀辊推动机组前进。切土刀片可分为凿形刀、弯刀、直角刀和弧形刀。凿形刀前端较窄,有较好的入土能力,能量消耗小,但易缠草,多用于杂草少的菜园和庭院。弯刀的弯曲刃口有滑切作用,易切断草根而不缠草,适于水稻田耕作。直角刀具有垂直和水平切刃,刀身较宽,刚性好,容易制造,但入土性能较差。弧形刀的强度大,刚性好,滑切作用好,通常用于重型旋耕机上。在与 15 千瓦以下的拖拉机配套时,一般采用直接连接,不用万向节传动;与 15 千瓦以上的拖拉机配套时,则采用三点悬挂式、万向节传动;重型旋耕机一般采用牵引式。耕深由拖板或限深轮控制和调节。拖板设在刀辊的后面,兼起碎土和平整作用;限深轮则设在刀辊的前方。刀辊最后一级传动装置的配置方式有侧边传动和中央传动两种。侧边传动多用于耕幅较小的偏置式旋耕机。中央传动用于耕幅较大的旋耕机,机器的对称性好,整机受力均匀;但传动箱下面的一条地带由于切土刀片达不到而形成漏耕,需另设消除漏耕的装置。

正旋卧式旋耕机,采用顺铣方式作业,即刀轴的旋转方向和拖拉机轮子的转向相同,旋耕刀由未耕地向下向后切土抛土,刀辊切土的反作用力与拖拉机前进方向一致,有利于机组在软、湿土壤上通过。目前,正转卧式旋耕机应用较为普遍。

反转式卧式旋耕机采用逆铣方式作业,刀轴的旋转方向和拖拉机轮子的转向相反,旋耕刀由耕地面入土,从耕层底部开始向前向上切土抛土。研究表明,逆铣所遇切削阻力较小,当耕深大于刀辊半径时,消耗功率也较小。但耕深小于刀辊半径时,有较多的土块向刀辊的前方抛掷,形成壅土并重复切削。在多石砾土壤中逆铣作业的旋耕刀不易损坏。国产反转旋耕埋青机(又称反转灭茬旋耕机)是反转卧式旋耕机的一种。

图 1-21　反转灭茬旋耕机

旋转锹除绕水平轴旋转切土外,同时又绕其自身的轴线旋转,又称旋转锹。

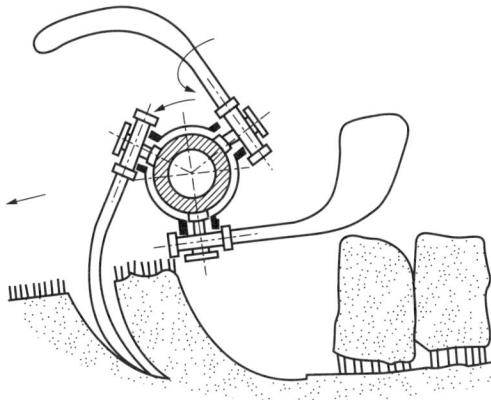

图 1-22　旋转锹

(2)立轴式

工作部件为装有 2～3 个螺线形切刀的旋耕器。作业时旋耕器绕立轴旋转,切刀将土切碎。适用于稻田水耕,有较强的碎土、起浆作用,但覆盖性能差。在日本使用较多。为增强旋耕机的耕作效果,在有些国家的旋耕机上加装各种附加装置。如在旋耕机后面挂接钉齿耙以增强碎土作用,加装松土铲以加深耕层等。

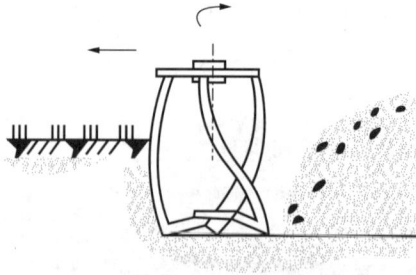

图 1-23　立式旋耕机

卧式和立式旋耕机具有良好的碎土性能和能力,旋转锹则能原行翻垡。

为适应新的农艺要求,旋耕机向旋耕、灭茬、深松、起垄等复式作业发展。旋耕复式作业可提高生产效率。降低作业成本,减少机组下地次数。

（五）耙

耙是用于表层耕作的土壤耕作机械,其耕作深度一般在 15 厘米以内。耙在中国已有 1 500 年以上的历史。北魏贾思勰著《齐民要术》称为"铁齿楱",而将使用此农具的作业称作"耙"。元《王祯农书》记载有方耙、人字耙、耢（用柳条编织的无齿耙）和耖（水田用的耖田耙）。现在常用的类型主要是圆盘耙、钉齿耙和水田星形耙。

（1）圆盘耙

圆盘耙是以固定在一根水平轴上的多个凹面圆盘组成的耙组作为工作部件的耕作机具。主要用于犁耕后松碎土壤,达到播前整地的农艺要求。也用来除草或在收获后的茬地上进行浅耕和灭茬。重型圆盘耙还可用于耕地作业。

19 世纪 70 年代,各国开始制造和使用圆盘耙。中国圆盘耙的生产和使用是于 20 世纪 50 年代初从推广畜力圆盘耙开始发展起来的。60 年代先后制造了机力 41 片轻型圆盘耙、20 片缺口圆盘耙和 24 片偏置耙等工具。70 年代研制了为 18～55 千瓦拖拉机配套的圆盘耙系列,有牵引式、悬挂和半悬挂式十几种机型。

圆盘耙的耕作部件是凹面圆盘定距离串装在轴上的耙组。圆盘的凹面一般为球面,某些国家也采用锥面。圆盘有全缘刃和缺口刃两种,前者制造简单、磨刃方便;后者入土能力强,有利于切碎土块和残茬杂草,多用在进行黏重土壤耕作的重型耙上。各国的耙片尺寸均已标准化,并有国际标准。耙片的材料一般采用耐磨的 65 Mn 钢,也可采用低碳马氏体 B5 钢。美国从 40 年代开始,用交叉辊轧的钢板制造耙片。圆盘耙片的中心孔一般为方孔,由间管隔开,耙片与间管一起套在方轴上用螺帽锁紧即成为耙组。工作时,圆盘刃口平面垂直于地面,并与前进方向成一偏角。各个耙组均由机架上的轴承支承。作业时,在拖拉机牵引力和土壤反作用力作用下,耙组的各个耙片随同方轴整组滚动。在耙自身重力作用下耙片刃口切入土壤,切断草根或作物残茬,切碎耕翻后的垡条,并使土垡沿耙片凹面略微上升,然后翻落,具有一定的翻土和覆盖作用。耙组的偏角可以调节,调节范围一般为 0°～30°,常用偏角为 10°～25°。增大偏角可增加耙片的入土深度和翻土、碎土效果,阻力也随之增加。

图 1-24　圆盘耙

　　常用耙组配置形式为:圆盘耙按耙组的配置形式,圆盘耙分为单列式、双列对置式和偏置式 3 种。单列圆盘耙主要用于收获后的浅耕灭茬;双列对置式圆盘耙的前、后列耙片交错反向配置,横向间距小,碎土效果好,是应用最广的一种;偏置式圆盘耙由前后两组反向配置的耙组组成,由于前、后耙组在作业时的力矩平衡关系,使拖拉机得以偏在耙的一侧牵引。耙片有全缘耙片和缺口耙片两种。前者制造简单,磨刃方便;后者入土性能好,切碎土块、残茬和草根的能力较强,多用于黏重土壤。耙片间距一般不小于耙片直径的 40%。与大功率拖拉机配套的圆盘耙幅宽有 10 米以上。

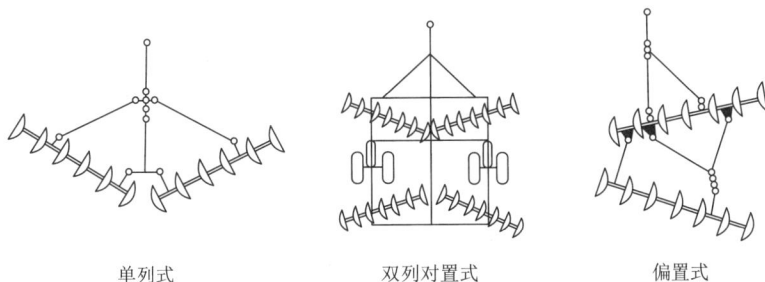

单列式　　　　　　双列对置式　　　　　　偏置式

图 1-25　圆盘耙配置图

圆盘耙整机结构由耙架、耙组、牵引或悬挂装置、偏角调节机构等组成。为了增加入土深度,有的轻、小型耙在耙架上装有配重箱。20世纪80年代生产使用的圆盘耙,在每片圆盘上分配的重量较大,有足够的入土能力,故不必加配重和调整偏角,耙组安装时即将其偏角固定在最佳位置。在需要浅耕时,由液压缸控制的轮子来限制深度。

宽幅耙前后列耙组的数目,可有8组,耙片数目达104个。重型耙的单片机重达75千克。轻型耙的幅宽达9米左右。幅宽超过4米的耙在道路运输时,两翼耙组可折叠起来或将两列并拢,横向牵引。牵引式耙通常在牵引装置上设有运输状态能自动调节、工作状态能手动微调节的装置,借助轮子的升降,通过联动杆件,始终保持耙架水平。

(2)钉齿耙

钉齿耙 是以成组的钢制钉齿为工作部件,用于犁耕后平整地面,破碎地表的土块和板结层,以减少水分蒸发;也可用于覆盖撒播的种子和肥料,以及苗期除草、疏苗等。耙作深度5～6厘米。耙齿断面有方形、圆形、椭圆形、菱形和刀形。安装刀形耙齿的又称刀齿耙。圆形和椭圆形耙齿不易挂草;方形、菱形和刀形耙齿有良好的松土、碎土能力。耙齿的有效长度一般为耙深的2～2.5倍。

按耙架形式不同,可分为而字耙(又称耖)、人字耙、方耙、Z钉齿耙形耙等多种类型。Z形耙使用较多,由Z形或S形杆和横杆组成,能排列较多的钉齿,使耙齿间距较宽而耙齿作用的齿迹距离较小,以免作业中发生堵塞,也不致重耙或漏耙。由于钉齿耙入土的能力主要取决于耙的重量,所以有重型、中型和轻型3种。有的钉齿耙钉齿的工作角度可以改变,用以改变钉齿的入土深度,有的钉齿耙工作幅很宽,制成可折叠式,以利于转移运行。

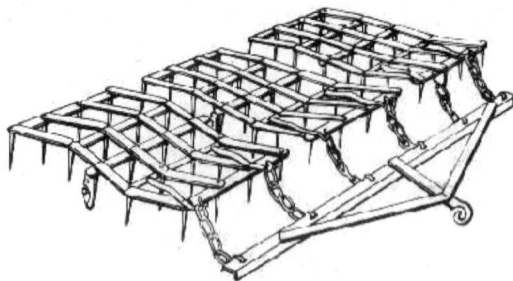

图1-26 钉齿耙(1)

（3）往复式动力钉齿耙

往复式动力耙的主要工作部件是两排钉齿,由拖拉机动力输出轴驱动做横向往复运动,两排钉齿运动的方向相反。作业时碎土能力强,不打乱土层,一次作业方可达到良好的效果,对不同的土壤条件的适应能力较强。在机具后部可连接碎土辊(滚耙),对表土进行平整和压实。

往复式动力耙由减振装置、机架、飞轮、偏心摆叉、中央摆臂、钉齿(梁)、限深轮和碎土辊(滚耙)等组成。钉齿(梁)的驱动机构采用偏心摆叉式,直接由拖拉机的动力输出轴驱动,没有变速装置,通过改变拖拉机的前进速度可以调整碎土效果。因为在作业时工作部件往复运动产生较强的振动。在耙的悬挂架上设置弹簧减震装置,以缓冲受到的振动和保持作业的平稳。

图 1-27 往复式驱动耙

（4）立式转齿耙

立式转齿耙由若干个横向排列的、带有两个直钉齿的"门"形转子组成。相邻转子的旋转方向相反,其钉齿相互错开 90°,钉齿的圆周速度大于机组前进速度的两倍,耙深可达 25 厘米,能使整个耕作层土壤疏松细碎,特别适用于块根作物,但作业的能量消耗较大。

（5）弹齿耙

弹齿耙一般由弹齿、耙架、滑板、耙齿升降机构及牵引架或悬挂架等组成,耙齿是由弹簧钢片制成的弓形齿,作业时有弹性。用于草原和牧场更新,可将杂草的根系刨出地表。有些弹齿耙装有调杆,用来改变耙齿的入土角以调节耙深。弹齿耙入土深度大大深于钉齿耙。由于其弹力作用和齿的"可弯性",弹齿耙适合于不平的或多石的地面作业,它能有效地松土和把土块带到便于粉碎的地面上,同时也适于草坪的中耕作业,是保护性耕作少耕机具。

图 1-28　钉齿耙（2）

图 1-29　弹齿耙（1）

图 1-30　弹齿耙（2）

（6）网状耙

网状耙的耙齿由弹簧钢丝弯制而成。在前后左右耙齿之间用活动铰链彼此相连,形成一个挠性耙组,作业时如网铺地,因而对凹凸不平的地面有较好的适应性。除用于犁耕后碎土外,也可用于玉米、甜菜等的疏苗作业。

（7）滚笼耙

滚笼耙的工作部件是一个横置卧式圆笼,作业时在土壤反力作用下圆笼滚动前进,圆笼上的铁条将土块压碎。用于沙壤土的耕后碎土作业,有保墒作用,也用于水田整地。

（8）星轮耙

星轮耙的工作部件是由许多星轮排列而成的耙组。作业时,每个星轮各自在土壤反力作用下旋转,破碎表层土块,兼有镇压作用。

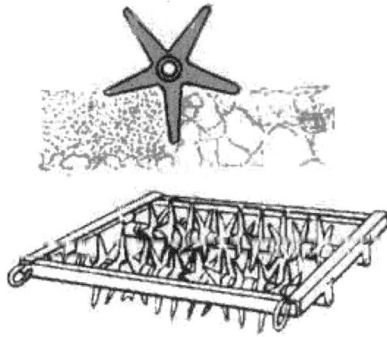

图 1-31　星轮耙

水田星形耙的工作部件是由许多星形盘组成的耙组,耙组在土壤反力作用下做整体转动,用于水田整地。带凹面的星形盘有切碎土块、翻盖绿肥和起浆等作用。

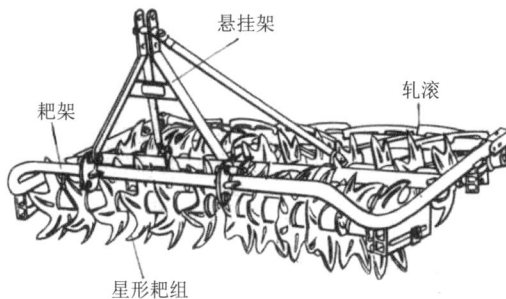

图 1-32　水田星形耙

轧辊是中国南方水稻地区使用的表土耕作机具。有实心轧辊、空心轧辊和百叶轧辊等类型。实心轧辊是在一个横置卧式长滚筒上,分段交错焊接若干条带有出水孔隙的直轧片而成,具有较强的灭茬能力和起浆性能,平整性能较好,但较易堵泥,适用于一般土壤。空心轧辊是将轧片焊接在多个星盘上,相邻星盘之间有较大的空隙,因而不易堵泥,但地表平整度稍差。百叶轧辊是将许多短轧片按轴向螺旋线配置焊接在一个长滚筒上,作业时不夹泥沾土,但碎土、起浆性能较差。

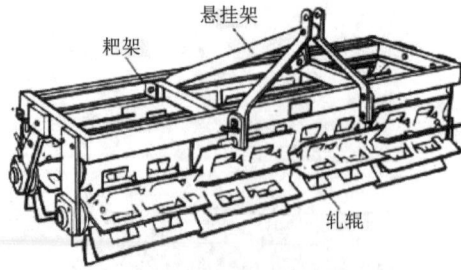

图 1-33　百叶轧辊

　　水田驱动耙的工作部件由齿板式耙滚和耢板组成的。耙滚由拖拉机动力输出轴驱动旋转,有良好的碎土、平地、起浆和覆盖绿肥的作用,耙深 10～12 厘米,耕翻后一次作业就能达到插秧要求。

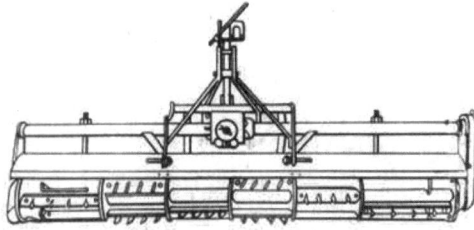

图 1-34　水田驱动耙

第二章

机械化深松技术

第一节 旱作农业土壤的剖面

一、土壤障碍层

（一）土体构型与土壤发生层

土体构型是指各土壤发生层有规律的组合、有序的排列状况，也称土壤剖面构型，是土壤剖面最重要的特征。土壤剖面指从地面垂直向下的土壤纵剖面，也就是完整的垂直土层序列，是土壤成土过程中物质发生淋溶、淀积、迁移和转化形成的。不同类型的土壤，具有不同形态的土壤剖面。土壤剖面可以表示土壤的外部特征，包括土壤的若干发生层次、颜色、质地、结构、新生体等。在土壤形成过程中，由于物质的迁移和转化，土壤分化成一系列组成、性质和形态各不相同的层次，称为发生层。发生层的顺序及变化情况，反映了土壤的形成过程及土壤性质。土体构型分为 5 种类型，即薄层型、黏质垫层型、均质型、夹层型、砂姜黑土型；按障碍层出现的部位又分为 16 种构型。

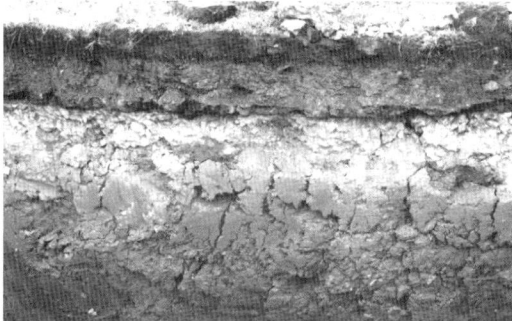

图 2-1　土壤结构

(二) 障碍层定义及主要类型

按照《农业大辞典》的定义,障碍层为土体中存在的理化性质不良、妨碍植物生长的各种土层之统称。障碍层对植物生长所产生的障碍作用及其程度,因其出现层位及其物质组成而异。

常见的障碍层有黏化层、铁盘层、砂姜层、沙砾层、钙积层、盐积层、碱积层、石膏层、白土层、灰化层、潜育层、冻土层等,其障碍特征各异。

1. 黏化层

土壤黏化过程是土壤剖面中黏粒形成和积累的过程,包括残积黏化和淀积黏化。残积黏化是指土壤内的分化产物,由于缺乏稳定的下降水流,黏粒没有下深层土层迁移,而就地积累,形成一个明显的黏化层或者一个铁质化土层,如华北平原北部的褐土的表层形成。淀积黏化是指风化和成土作用形成的黏粒,由上部土层向下悬移和淀积而成的。如海南山东等地的褐土中黏土层在30～40厘米,一般是淀积黏化的结果。

该土层所形成的土壤质地黏重,耕性不良,常出现紧实、黏重的层次;该层透水性能极差,丰水季节里易造成土体上层滞水,影响根系的正常生长,对植物构成了渍害,严重时可引起树木的烂根和死亡。

2. 钙积层

钙积过程是干旱或半干旱地区土壤钙的碳酸盐发生移动和积累的过程,如黑钙土、栗钙土、棕钙土、灰钙土的钙积层。这种碳酸钙的聚积,可以出现在松软表层、黏化层或碱化层,甚至硬磐层中。如果母质富含钙质,而雨量又不足以将石灰淋溶,则易形成"钙积层",钙积层出现的深度不同对土壤的影响也不同。

3. 盐积层和碱积层

土壤盐化过程是指地表水、地下水及母质中含有的盐分,在强烈的蒸发的作用下,通过土壤水的垂直或水平移动,逐渐向地表积聚,或者已经脱离地下水或地表水的影响,而表现为残余积盐的过程。盐分主要包括氯化钠、硫酸钠、氯化镁、硫酸镁等。脱盐过程是指土壤中可溶性盐通过将水或人为灌溉洗盐、开沟排水,降低地下水位,迁移到下层或者排出土体。

盐积层,为在冷水中溶解度大于石膏的易溶性盐类富集的土层,厚度大于等于15厘米,干旱地区盐成土含盐量大于等于20克,其他地区盐成土含盐量大于等于10克。

碱积层,为一交换性钠含量高的特殊淀积黏化层,呈柱状或棱柱状结构,土体下部40厘米范围内某一亚层交换性钠饱和度大于30%,表层土含盐量小于

5克。

4. 潜育层

土壤潜育化过程是指土壤长期淹水,受到有机质嫌气分解,而铁锰强烈还原,形成灰蓝、灰绿色土体的过程。如水稻土和沼泽土的有机质层。潴育化过程是指土壤浸水带经常处于上下移动,土体中干湿交替明显,促使土壤中氧化还原交替,结果土体中出现了锈斑、锈纹、铁锰结核、红色胶膜等物质。如分布在河北、山东、河南、江苏安徽等地的潮土的主要成土过程之一就是潴育化过程。

潜育层又叫灰黏层、青泥层,是长期渍水形成的土层。铁锰呈还原状态,土色灰蓝或青灰;黏土矿物分散,状如黏糕。地下水位愈高,潜育层出现的部位离地表愈近,土性冷。如潜育性水稻土,养分转化缓慢,土性黏重,耕作较难,影响水稻发棵,产量不高。

5. 白土层和白浆层

土壤白浆化过程是指在季节性还原淋溶条件下,黏粒与铁锰淋淀的过程。该过程多发生在白浆土中(黑龙江和吉林两省的东北部)。

白土层又称"白浆层""假潜育层",常用 Ecs 表示。由于季节性还原淋溶作用,在腐殖质层(或耕层)之下形成的,粉砂粒含量高,黏粒含量低,铁、锰贫乏的淡色淋溶层。该层结构不良,养分含量低,通透性差,为作物高产的障碍层。凡有白土层的土壤,一般为低产土壤。

6. 灰化层

土壤剖面中,经灰化作用形成的二氧化硅富集、无结构、似灰色或灰白色的土层。灰化表土层的形成是在寒湿、郁闭的针叶林植被下,由于有机酸(主要是富里酸)溶液下渗通过表土层,破坏了黏土矿物,使铁铝胶体遭到淋失,并淀积于下部,而氧化硅成粉末状残留下来。灰化层呈强酸性,含有机质少,缺乏氮、氧、钾等养分。

7. 冻土层

自然地理学指的是由于气温低、生长季节短,而无法长出树木的环境;在地质学是指 0℃ 以下,并含有冰的各种岩石和土壤。一般可分为短时冻土(数小时、数日以至半月)、季节冻土(半月至数月)以及多年冻土(数年以上)。

二、旱作土壤土层结构

旱地耕作土壤的剖面一般分为四层,即耕作层(表土层)、犁底层(亚表土层)、心土层及底土层。

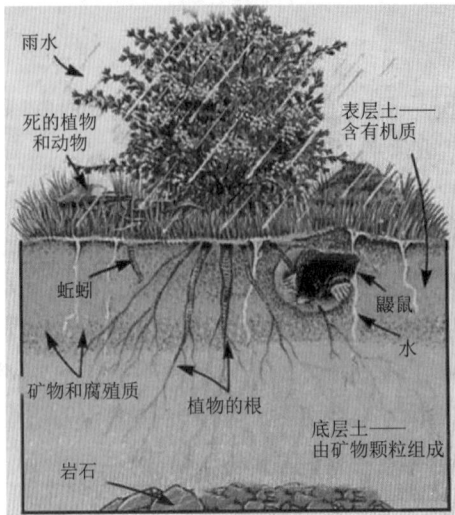

图 2-2　土壤结构

（一）耕作层

耕作层又称表土层、熟土层或土层，是指由长期耕作形成的土壤表层，用Apl 表示。耕作层的厚度一般为 15～20 厘米，与下伏层区分明显，养分含量比较丰富，作物根系最为密集，土壤为粒状、团粒状或碎块状结构。耕作层由于经常受农事活动干扰和外界自然因素影响，其水分物理性质和速效养分含量的季节性变化较大。处于经常耕作深度之内的各种不同土层都能形成耕作层。根据起源土壤类型、耕作年龄、熟化程度，可进一步划分出各种变异类型。

耕作层是受耕作、施肥、灌溉影响最强烈的土壤层。耕作层易受生产活动和地表生物气候条件的影响，一般疏松多孔，干湿交替频繁，温度变化大，通透性良好，物质转化快，含有效态养分多。根系主要集中分布于这一层中，一般占全部根系总量的 60％以上。其特点：耕地耕作层是农作物赖以生存的基础，是粮食综合生产能力的根本。受人类活动耕作活动影响最多，有机质含量高，养分含量比较丰富，疏松多孔，理化和生物学性状好，作物根系最为密集，呈粒状、团粒状或碎块状结构。耕作层常受农事活动干扰和外界自然因素的影响，其水分物理性质和速效养分含量的季节性变化较大，要获得作物高产，必须注重保护与培肥。

（二）犁底层

犁底层又称"亚表土层"，是位于耕作层以下较为紧实的土层，典型的犁底层很紧实，孔隙度小，非毛管孔隙（大孔隙）少，毛管孔隙（小孔隙）多，所以通气性差,透水性不良,结构常呈片状,甚至有明显可见的水平层理,这是经常受耕畜和犁的压力以及通过降水、灌溉使黏粒沉积而形成的,一般离地表12～20厘米,厚约10厘米,最厚可达到20厘米,呈片状结构,影响耕作层和心土层之间的物质和能量交换,影响作物正常生长所需的根系坏境。

犁底层隔开了耕层与心土层之间的水肥流通,对耕作土壤来说,具有不太厚的犁底层对于保持养分,保存水分还是有益的。对于薄层土、砂砾底易漏土壤来说,犁底层有保水、保肥、减少渗漏的作用。在地势较高、土壤质地不黏或偏沙性,犁底层可防止漏水和避免养分淋洗的损失。在低湿地、黏质土壤,犁底层厚而且更加

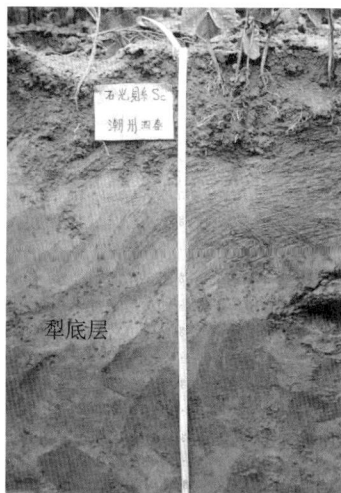

图2-3 土壤犁底层

紧实,有利于阻止水分的下渗。犁底层往往容重较大,较大的孔隙较少,造成土壤通气性差,透水性不良,根系下扎困难。因此,如果犁底层过厚(超过20厘米)、坚实,对水分和养分的传递,作物根系下伸,通气透水都非常不利,这种情况必须采取深翻或深松的办法,改造犁底层(如深松、深翻、粉垄等)。如果大旱的年份,土壤深松后灌溉成本会大大增加。

图2-4 犁耕作业

"犁底层"的形成使农田土壤出现了自然分层,土壤导管被机械割断,造成了农田土壤的地表和地下水分的循环补给受阻。主要表现在灌溉时表层水很难突破"犁底层"而进入下层土壤参与循环,灌溉水流较快,田间表土冲蚀严重。由于北方半干旱地区降水较少而雨季集中,田间降水受"犁底层"的影响

很难导入下层土壤,特别是山旱地,容易形成地表径流,对田面造成严重的土壤侵蚀,土壤有机质流失严重,从而使农田地力显著下降。

此外,"犁底层"不仅直接影响土壤水循环和土壤盐分运移;而且对植物生长也有影响,表现在一些农作物易倒伏;有些深根系作物的根系很难突破坚硬的"犁底层",根系生长受限等。

(三) 心土层

介于犁底层与底土层之间的土层,也叫半熟化土层,一般厚度为20～30厘米,该层也受到一定的犁、畜压力的影响较为紧实,但紧实度不如犁底层。在耕作土壤中,心土层是起保水保肥作用的重要层次,是作物生长后期供应水肥的主要层次,在这一层次中根系数量约占总根系量的20％～30％。作物正常生长要求耕作层和心土层之间有养分、水分的交换,但过厚的犁底层的存在阻断了这种交换。

(四) 底土层

底土层也叫母质层,位于心土层以下,是土壤中不受耕作影响、保持母质特点的一层。受地表气候的影响很少,同时也比较紧实,物质转化较为缓慢,可供利用的营养物质较少。一般也把这一层的土壤称为生土或死土。

第二节 犁底层与根系的关系

一般来讲,根系是作物地下的营养器官,作物生长根深叶茂,本固枝荣,作物强大的根系可以为地上部的生长提供充足的养分和水分,同时固定和支持植物体,是作物高产的重要基础。根系还有其他功能,如合成简单的有机物质,满足土壤动物和微生物的活动需要以及生物输肥功能。

根系生长在地下,一般都非常庞大,在山东,小麦根系可以扎到2～2.3米。玉米根系一般也能扎到1.5～1.6米,大豆根系能扎到1.2～1.4米。根系的横向分布一般以植株为中轴线,可以扩展到40厘米左右。根系越深,产量越高。如小麦在籽粒灌浆期,恰好也是浅层根系的快速衰老期,如果根系提前衰老,对籽粒灌浆有很大的影响,甚至还影响作物产量,这时候就需要发挥深层土壤根系的作用了。

根据研究:表层根系受空气干湿度及土壤温度影响比较大,表层根系衰老较快;深层土壤的根系受空气干湿度及土壤温度变化的影响较小,生长环境比较稳定,衰老比较慢,直到籽粒灌浆期经济产量形成的关键时期,要想增产,必须促进根系的深扎,增加深层土壤的根系。要促进作物根系生长,首先要注重耕作层的保护和培肥。

其次,土壤的结构也影响根系的生长。一般来讲,土壤结构首先是耕作层,耕作层之下心土层之上就是犁底层。由于犁底层比较坚实,不透水、不透气,其总孔隙度比耕作层和心土层减少 10%～12%,阻碍了耕作层和心土层之间的水、肥、气、热的连通性,降低土壤的抗灾能力,同时作物根系难以穿透犁底层。

根系分布浅,吸收营养的范围小,抗灾能力弱,易引起倒伏早衰等,影响产量提高。

浅根系由于受空气干湿度、温度高低变化影响较大,生长环境不稳定,作物生长后期,浅层根系衰老比较快。深层根系受空气干湿度、温度高低变化影响较小,生长环境稳定,后期根系衰老较慢,真正后期影响作物产量的根系是作物深层土壤根系,要提高产量,必须促进根系下扎,增加深层土壤根系量。现代农业生产中,犁底层是限制作物根系生长和产量增长的主要障碍因素。

第三节　打破犁底层的方法

犁底层的存在,影响了作物根系的下扎,阻断了耕作层与心土层的养分与水分的交换,易引起作物早衰,影响作物产量的提高,要促进作物根系的深扎,提高作物产量,必须消除犁底层。目前消除耕作土壤犁底层的办法主要有以下几种。

深翻耕。采用机械化深翻技术疏松土壤,打破犁底层。

深松。在不破坏土壤结构的情况下,通过机械的作用,打破犁底层的机械化耕作技术。

深旋型旋耕。采用深选型旋耕机,配套 120 马力^① 以上的拖拉机,一次旋耕为 30～45 厘米。

深浅轮耕。这是一项节本增效的综合耕作技术,旋耕 3～5 年,然后深耕 1 年,可以加深耕作层的厚度。

交替深耕,交替深松。当年在一个播种带旋耕,在另一个播种带采用深松或深耕,经过 3～5 年再交替轮作。

粉垄作业。"粉垄"农耕技术,一次性耕作便完成了秸秆粉碎还田、旋耕、深翻、深松、耙糖保墒等传统耕作中的多次作业。

种植深根作物,自然消解犁底层,如蓖麻等。

---

① 注:本书功率单位使用马力,1 马力≈0.735 千瓦。

固定道作业保护性耕作。保护性耕作的核心是秸秆覆盖还田与免耕或少耕,将耕作减少到能保证种子发芽即可。保护性耕作保留了土壤的自我保护机能和营造机能,使机械化耕作由单纯的改造自然到利用自然,进而与自然协调发展农业生产的革命性的变化。耕作减少就消除或减少产生犁底层的因素,经过3～5年固定道保护性耕作作业,通过根系的穿插、土壤动物、微生物的活动,可以慢慢消解作物种植区的犁底层结构。

第四节　机械化深松整地的概念与意义

一、机械化深松整地的概念

农机深松整地作业是通过拖拉机牵引深松机或带有深松部件的联合整地机等机具,进行行间或全方位深层土壤耕作的机械化整地技术。应用这项技术可在不翻土、不打乱原有土层结构的情况下,打破坚硬的犁底层,加厚松土层,改善土壤耕层结构,从而增强土壤蓄水保墒和抗旱防涝的能力,能有效增强粮食基础生产能力,促进农作物增产、农民增收。

从定义可以看出:农机深松整地作业的装备要求是"拖拉机＋深松机具"两部分。要进行土壤耕作,拖拉机动力平台的马力应该是中大马力。农机深松整地作业的关键技术要点,是在不打乱原有土层结构的情况下,实现打破耕作层与心土层之间坚硬、封闭的犁底层,从而增强土壤蓄水保墒和抗旱防涝能力。农机深松整地作业的最终目的是能够有效增强作物的基础生产能力,促进农作物增产、农民增收。

农机深松整地作业的方式根据不同土壤类型和农作物种植模式,大体可分为4种。

第一,单一深松作业。拖拉机带单一深松机作业,深松深度要求超过25厘米,拖拉机动力要求在90马力以上。

第二,旋耕＋深松作业。拖拉机带旋耕、深松联合作业机具,深松深度一般应达到25～30厘米,拖拉机动力一般要求在100马力以上。

第三,灭茬＋旋耕＋深松作业。拖拉机带灭茬、旋耕、深松三项或多项复式作业机具,深松深度一般要求达到25厘米以上,拖拉机动力一般要求达到120马力以上。

第四,深松＋免耕播种作业。拖拉机带深松、免耕播种复式作业机具,深松深度一般要求达到25厘米以上,拖拉机动力一般要求达到120马力以上。

农机深松整地作业主要在东北地区、黄淮海地区、西北地区、南方蔗区等四个类型区重点实施;作业时间一般集中两个时间段,一是在秋季作物收获后或秋整地前,二是夏季作物收获后或春播前;含水率适宜的黑土、沙壤、轻壤、中壤和轻黏土,适宜农机深松作业。

二、机械化深松整地的意义

深松作业作为保护性耕作技术之一,不妨先来考察下保护性耕作技术。20世纪30年代美国发生的"黑风暴"引起人们对改革传统耕作方法的重视,促进了保护性耕作技术体系的形成和发展。那么,什么是"黑风暴"呢?

资料:1934年5月11日凌晨,美国西部草原地区发生了一场人类历史上前所未有的黑色风暴。风暴整整刮了三天三夜,形成一个东西长2 400千米,南北宽1 440千米,高3 400米的迅速移动的巨大黑色风暴带(数据对比,我国东西长约5 200千米,南北宽约5 500千米。东起黑龙江与乌苏里江的主航道汇合处,西至新疆帕米尔高原。北起黑龙江省漠河以北的黑龙江主航道中心线,南至南沙群岛中的曾母暗沙)。当时空气中含沙量达40吨/立方千米,风暴掠过了美国2/3的大地,3亿多吨土壤被刮走。风暴所经之处,溪水断流,水井干涸,庄稼枯萎,牲畜死亡,千万人流离失所。《纽约时报》在当天头版头条位置刊登了专题报道。"黑风暴"的袭击给美国的农牧业生产带来了严重的影响,使原已遭受旱灾的小麦大片枯萎而死,以致引起当时美国谷物市场的波动,冲击了美国经济的发展。

正是由于"黑风暴"的出现,促使了保护性耕作技术的发展,它通过少耕、免耕和作物残茬覆盖地表来降低生产成本,提高土壤肥力,增加粮食产量,减少降雨径流,防止水土流失。保护性耕作在世界发达国家得以迅速推广,美国、英国、加拿大、澳大利亚、苏联等40多个国家均将其应用于干旱、半干旱地区的农业耕作,使其成为先进的农业耕作制度。这就是保护性耕作技术产生的背景。

近几年,我国也开展了机械化深松的实践,取得了较好的效果,其意义如下。

可有效地打破长期以来犁耕或灭茬所形成的坚硬犁底层,有效地提高土壤的透水、透气性能。机械深松深度可达35~50厘米,这是用其他耕作方法所根本达不到的深度。深松后的土壤体积密度为12~13克/立方厘米,恰好适宜作物生长发育,有利于作物根系深扎。

机械深松作业可极大地提高土壤蓄积雨水和雪水能力,在干旱季节又能自新土层提墒,提高耕作层的蓄水量。一般来讲,深松作业地块较未深松地块可多蓄水11~22立方米/亩,且土壤渗水速率提高5~10倍,可在1小时内接纳300~600毫米的降水而不形成径流。

机械深松可有效地排涝、排除盐碱,对半干旱盐碱地块及草场特别适宜。深松作业只松土、不翻土,因此特别适于不宜翻地作业的地块,这就为耕作层较浅地区和草场改良提供了良好的手段,原有草场植被不被破坏,因此并不影响当年放牧。

机械深松作用与其他作业相比较,其阻力小、工作效率高、作业成本低。深松机由于其独特的工作部件结构特性,使其工作阻力显著小于铧式犁耕翻,降低幅度达 1/3。由此带来工作效率更高,作业成本降低。

机械深松可使雨水和雪水下渗,并保存在 0~150 厘米土层中,形成巨大土壤水库,使伏雨、冬雪春用、旱用,确保播种墒情。一般来说,深松比不深松的地块在 0~100 厘米土层中可多蓄 35~52 毫米的水分,0~20 厘米土壤平均含水量比传统耕作条件一般增加 2.34%~7.18%,可有效实现天旱地不旱,一次播种拿全苗。

深松不翻动土壤,可以保持地表的植被覆盖,防止土壤的风蚀与水土流失,有利于生态环境的保护,减少因翻地使土壤裸露造成的扬沙和浮尘天气,减少环境污染。

机械化深松适应各种土质对中低产田作业效果更为明显。中国农机院在中低产田试验数据表明机械化深松的增产效果(与未深松的对照田比较)如下:玉米平均增产 80 千克/亩,增产率约 20%;大豆增产 18~24 千克/亩,增产率 12%~178%;籽棉增产 236 千克/亩,增产率 167%;甜菜增产 104 吨/亩,增产率 358%;红薯增产 269 千克/亩,增产率 262%;深松可使灌溉水的利用率至少提高 30%。

第五节 深松机具

深松机主要由机架和深松工作部件组成。深松工作部件由深松铲和深松铲柄组成,这两个部件都应当符合国家标准,具体可参阅国家机械行业标准 JB/T 9788—1999。深松铲采用国标 GB/T 711(优质碳素结构钢热轧厚钢板和宽钢带)规定的 65Mn 钢制造,深松铲分为三种形式:凿形深松铲、箭形(鸭掌)深松铲、双翼深松铲。深松铲柄采用不低于国标 GB/T 700(碳素结构钢)规定的 Q275 钢制造,深松铲柄分为二种型式:轻型深松铲、中型深松铲。

美国和西欧等发达国家的深松机较完善,已形成了系列化,主要有美国约翰迪尔 915 深松机、大平原公司(Great planes)深松机、Hawkins 深松机、Brilion 深松机、V-Ripper 深松机、James 重型深松机等。国内市场上深松机品种较多,主要有河北、安徽、山东、江苏、黑龙江、吉林等省市生产的联合深松机及振动深松机。

一、深松机具组成结构及产品型号的表示方法

1. 组成结构

深松机主要由机架、铲柱、深松铲、限深轮、安全装置、悬挂装置等组成。

图 2-5　深松机具（1）

图 2-6　深松机具（2）

单一深松功能的机具有限深轮，深松与碎土镇压装置组合联合作业机具，碎土镇压装置就有限深功能。

安全装置包括保险螺栓式、安全脱开式、缓冲脱开及弹簧复位式。

振动式深松机还有偏心振动机构及其他振动源。

图 2-7　深松机具（3）

2. 型号表示方法

深松机采用 GB/T 21645 保护性耕作机械深松机技术标准，适用于深松机及驱动深松机。

深松整地联合作业机采用的 JB/T 1029—2001 标准，适用于与拖拉机配套的深松与驱动型整地机组合深松联合作业机，其他形式的深松整地联合作业机

及深松机可参照执行。

有些厂家的机具沿用的国外机具的型号。

深松机的型号含义。深松机属于耕作机械,其型号编制原则遵照 JB/T 8574—2013 农机具产品型号编制规则标准编制。如 1SZL-200:其中 1 代表耕整地机械,S 代表深松功能,Z 代表深松形式为震动,L 代表联合作业形式,200 代表耕作宽带。1SQ-250:其中 Q 代表全方位。1S-7:其中 7 代表深松铲数目。

二、深松铲及铲柱的类型

深松机的主要工作部件就是深松铲,深松铲的形状影响深松机的作业性能,如牵引阻力大小、作业速度、深松深度、作业质量等。

通用深松机由机架和深松工作部件构成,工作部件由铲柄和深松铲组成,深松铲由铲头和铲柱两部分组成,铲头是深松铲的关键部件。深松铲由凿形、箭形和双翼形等几种,标准型铲柄有轻型、中型两种,常用的深松铲有标准型深松铲和非标转型深松铲两种。

1. 标准型深松铲形式和参数

标准 JB/T 9788—1999 规定了适用于深松 30 厘米以内深松铲和深松铲柄。

标准规定了深松铲的三种形式:凿型深松铲、箭型(鸭掌型)深松铲和双翼型深松铲等。

深松铲柄有两种形式:轻型深松铲柄和中型深松铲柄,深松铲柄的尺寸应符合标准的规定。

深松铲采用 GB/T 711 规定的 65Mn 钢制造,刃部应进行热处理,淬火区宽度 20～30 毫米,硬度应达到 HRC 48-56,深松铲柄采用不低于 GB/T 700 规定的 Q275 钢制造。

凿型铲的宽度较窄,和铲柱的形状相近,铲尖有带翼和不带翼之分,其松土范围有限,松土系数不足 0.3,适于条带深松,其形状有平面型和圆脊形。

圆脊形的碎土性能较好,且有一定的翻土作用;平面型的工作阻力小,结构简单,强度高、制作方便,磨损后容易更换,既适用于行间深松,也适用于全面(幅)深松,是应用较多的一种深松铲。在其后面配置打孔器,可以成为鼠道犁,在田间开深层排水沟;若做全面(幅)深松或较宽的行间深松,可以在两侧配置翼板,增大松土效果。

箭型(鸭掌型)铲和双翼铲铲头较大,这类铲头主要用于行间深松,双翼铲更常用于浅层松土除草,当土壤的强度较低时,也可用于深松。

深松铲的铲柱最常用的是矩形断面型,结构简单,入土部分前面加工成尖棱形,以减少阻力(在一些重型凿式深松铲柱上设置分土板,也是为了减少阻力,增加碎土效果)。

由于深松铲(除偏柱式深松机)的侧面阻力一般很小,这种铲柱的强度是足够的。有的铲柱采用的是薄壳结构,重量较轻,但结构较复杂。

2. 非标准型深松铲

非标准型深松铲有双头型深松铲和可调翼式深松铲两种。

偏柱型深松铲是在凿型铲基础上,铲柱变形为曲面而形成的深松铲的形式,与凿型铲相比,动土量较大,而受力不均匀。

图 2-8　深松机具(4)

3. 深松铲存在的主要问题

深松铲在深松作业中所受的阻力大,容易产生变形。深松铲耕深较大,而且所受的阻力为非线性增大,铲尖容易磨损。有些因结构性排列的问题,机架受力较大,易变形。现有深松铲还不能完全满足不同条件下、不同土壤对深松的要求。

4. 影响深松铲牵引阻力的因素

工作阻力:切土阻力

土壤的变形(松碎)

深松铲与土壤的摩擦

因素:铲韧的技术状态(锋利、耐磨)

起土角($20°\sim45°$)(越大阻力大)

松土深度

土壤的物理性状(含水率、坚实度等)

5. 减少深松阻力的方法

在农业生产中,土壤的耕作是繁重的生产过程,耕作能耗占农作物生产的比例较大,深松作业与其他耕作方式相比,消耗动力更大,因此减低深松工作阻力和能耗显得尤为重要,目前国内外采取如下几种方法减少深耕阻力。

(1)振动减阻

在深松作业过程中,使深松机产生一定频率的振动,使土壤疏松,达到减阻的目的。试验表明,振动可以减少土壤阻力的10%~40%。

(2)电渗减阻

利用电渗原理,将深松铲作为一个电极,通电后在深松铲和土壤之间产生电位差,土壤的水分在电位差的作用下,从阳极运动到阴极,在深松铲和土壤的接触面上形成一层水膜,达到减少摩擦和减阻的目的。电渗可减少至少10%的阻力和能耗。

(3)液体润滑减阻

在深松作业的过程中,将空气或水加压后通过铲柱通道送到铲尖出喷出,使铲尖前方的土壤疏松而达到减少耕作阻力的目的,并取得较好的碎土效果,但增加机具结构的复杂性。

(4)磁化减阻

根据土壤电磁学理论,土壤磁化后可改变土壤的微观结构和电化学性质,在深松铲柱上安装磁化体,使其具有强磁性,深松过程中使土壤磁化,能减少耕作阻力10%。

另外还有仿生技术减阻、表面处理减阻、深松机结构优化设计等。

三、常用深松机类型及特点

深松机一般要求36千瓦以上的拖拉机为动力,配置相应的深松机具,深松机有单一深松机和深松联合作业机具,安装深松部件或中耕机架上安装深松铲进行作业。

深松机具类型多样,按照作业形式可分为间隔深松机和全方位深松机两大类别;按作业功能可分为单一深松机和复式作业机两种,单一深松机又可分为振动式和非振动式深松机,复式作业机可完成灭茬、旋耕、深松、施肥、播种、覆土等多项作业。非振动式深松机比较常见,主要分为凿式、箭形铲式(鹅掌式)、翼铲式、全方位、偏柱式等五种类型。各地可根据当地土壤类型、作业方式等要求,选用不同类型的深松机具。

间隔深松机也称行间深松机,利用带有较强入土性能的铲柄和铲尖深入土壤,使得土壤被抬起、放下而松动,同时穿破犁底层。为了扩大土层深松范围,可在深松铲上安装双翼铲。间隔深松后形成虚实并存的耕层结构,虚部保墒蓄水,实部提墒供水。此类深松机可根据生产实际调整深松铲间隔,工作阻力较小,平均每个深松铲需要的动力在 30 马力左右。

全方位深松机多采用"V"型铲刀部件,耕作时从土层的底部切出梯形截面的土垡条,并使它抬升、后移、下落,使得土垡条得以松碎。

偏柱式深松机利用偏置铲柄扩大对土壤的耕作范围,效果与全方位深松机近似。

全方位深松机与偏柱式深松机具具有松土范围大、碎土效果好的特点,但动力消耗较大,应配备较大马力的拖拉机。

(一)凿式深松机

深松作业研究初期,基本使用的是凿式深松机,凿式深松机又称凿式犁,具有凿形工作部件,只松土而不翻土的土壤耕作机械,在常规耕作制中,用来破碎由于长期用铧式犁耕作而在耕层底部形成的坚实土层,有蓄水保墒的功效;在少耕、免耕制中,用以进行深层松土,可不乱土层,并保留残茬覆盖地表,减少水分的蒸发和流失。凿式松土机有深层松土用和浅耕用两种。深层松土用凿式松土机的工作部件是由弯曲或倾斜的刚性铲柄和带刃口的三角形耐磨钢铲头组成的深松铲;多个深松铲排列成人字形,耕深可达 30～45 厘米。浅耕用凿式松土机的松土铲由弓形弹性铲柄和铲头组成,每台可配置 2～4 排前后交错排列的松土铲;作业时弹性铲柄产生振动,增强碎土效果。耕深一般为 10～15 厘米。其主要的工作部件是有刃口的铲柱和安装在其下端的深松铲,其铲柱和深松铲的结构形式有多种类型,有平面凿型(如平刀双翼)和圆脊型,圆脊形的碎土效果较好,具有一定的翻土作用,平面凿型的主要作用是挤压松土。

铲柱的形式和深松铲的形式有多种类型,有些产品在铲柱的上部装有双翼浅松铲,在对中下层土壤深松的同时,对全表层土壤进行疏松。

另一种类型是对上中层土壤间隔疏松,对深层土壤进行全层疏松。其工作部件是由刃口的铲柱和安装在其下端的宽型深松铲。两相邻的松土铲横向呈无间隔配置,可实现深层土壤的全层疏松。其松土部件一般在机架上呈前后两排配置,如 1ZL 系列的鹅掌式深松机。

利用带有较强入土性能的铲柄和铲尖深入土壤,使得土壤被抬起、放下而松动,同时穿破犁底层。为了扩大土层深松范围,可在深松铲上安装双翼铲。

该深松机用于间隔深松,深松后形成虚实并存的耕层结构,虚部保墒蓄水,实部提墒供水。此类深松机两相邻铲柱和松土铲的间隔一般是 40～50 厘米。

可根据生产实际调整深松铲间隔,工作阻力较小,平均每个深松铲需要的动力在 30 马力左右,应配备相应马力的拖拉机。

两相邻铲柱和松土铲横向按照一定的间隔配置,作业后两铲之间有未松土埂,松土系数只有 0.3 左右,深松比阻大,能耗大,而且在耕后的土层中留下垂直的缝隙,易造成"跑墒"。

作业田块秸秆、杂草量较大时,易堵塞,机具通过性较差。

有些深松机布置成前后两排或多排结构,铲与铲之间形成无缝对接,其整体的结构模式能实现整个作业幅宽内无间隔全面松土,也称全面深松机。

图 2-9 凿式深松机(1)

全幅深松机(凿式犁)的深松铲多为凿式深松铲,有些带翼,但其整体的结构模式能实现整个作业幅宽内无间隔松土。

图 2-10 凿式深松机(2)

(二)箭型(鸭掌型)铲深松机

箭型铲深松机为铲式深松机,其箭型(鸭掌)深松铲前端为尖型,尾部宽度不低于 10 厘米。这种类型的深松机的工作部件是有刃口的铲柱和安装在其下端的深松铲,通过深松铲深松土壤,其深层松土效果优于凿式深松机,可用于间隔深松。

图 2-11 箭形深松机

（三）双翼铲深松机

双翼铲深松机为铲式深松机，其双翼深松铲两侧带翼，尾部宽度为 15～20 厘米。这种宽型铲的两相邻的松土产横向呈无间隔配置，可实现深层土壤的全层疏松。作业时，铲柱将地表到深松层间土壤切割，可实现上、中层土壤的间隔深松，松土产将深层土壤进行全层疏松。

但这些采用双翼铲的深松机受铲柱结构强度的影响，在深松时容易发生扭曲，不易用于深松，主要用于行间浅松除草作业，结构功能类似于耘锄。

（四）全方位深松机

80 年代初期，苏联采用深松土壤的机具。采用 V 型（倒梯形）深松工作部件，是由底刀、两侧刀和相应的连接板等组成。V 型深松工作部件是左右对称的侧刀，相邻深松工作部件在机架左右排列，有些是双排，在横向有一定的重叠，V 型刀和底刀组成的梯形框架结构。耕作时深松部件从土层中切离出梯形截面的土垡条，并使它抬升、后移、下落并铺放在田里，使土垡条得以松碎。

全方位深松机克服了凿式深松机比阻大、松土系数小、在松后土壤中留下竖直的勾缝易跑墒等困难，使土壤在上下、左右、前后均得到充分的松动，具有松土范围广、碎土作用强的特点，作业后可使整个土层达到松、碎的效果，在打破犁底层的同时在松土底部形成"鼠道"，有利于接纳雨水，但动力消耗大，需要配套大马力拖拉机，可用于玉米的中耕施肥，松土系数为 0.8～0.9，深松深度为 30～50 厘米。

图 2-12　全方位深松机（1）

图 2-13　全方位深松机（2）

图 2-14　全方位深松机（3）

（五）振动深松机

振动深松是利用振动式深松部件对全层土壤进行深松。振动式深松机主要分为驱动式、自激式两种类型。自激式又分弹簧自激式和阻尼自激式两种。

国内外试验表明，采用振动深松原理的机具与非振动深松机具相比，拖拉机总功率无显著差别，而牵引阻力显著降低（20%～30%）。利用振动深松原理可使中小型拖拉机进行深松作业。

振动深松与普通深松在土壤切削方面有本质的区别，普通深松是一维切土，振动深松除水平切削外，还有垂直方向的切削，属于二维切土，在松土方面具有更好松土性能。振动深松牵引阻力小，其减阻的原理是利用土壤具有弹塑性的特点，将振动位移置于土壤的弹性变形区，使其阻力小于塑性变形最大阻力，又获得了塑性变形的特点，减少牵引阻力。

1. 驱动型（强迫型）振动深松机

驱动型振动深松机是利用拖拉机动力输出轴来驱动偏心振动机构带动深

松铲振动,边振动边深松,从而降低耕作阻力,深松深度可达35厘米。兼具间隔深松和全方位深松的特点。

强迫式振动的振动源多来自偏心轴、偏心轮或偏心块在转动中产生的冲击振动,通过机械结构的设计使振动元件的圆周转动转换为深松铲的垂直振动,除振动元件外,振动深松机还包括机架、主轴、拨草结构、犁体、限深装置等几大部分。

图2-15 驱动式振动深松机(1)

驱动式振动深松机采用振动式松土原理,是在深松铲柱的底部固定凿型铲或箭形铲,利用冲击力降低工作阻力,提高碎土效果。振动深松可显著降低功耗,但结构复杂,价格较高。

国内外的试验表明,采用驱动振动深松原理的机具与非振动深松机具相比,拖拉机总功率消耗相差无几,而牵引力显著降低,利用振动深松的原理可使用中、小型拖拉机进行深松作业,但机具本身机构较为复杂,维修保养较多。

图2-16 驱动式振动深松机(2)

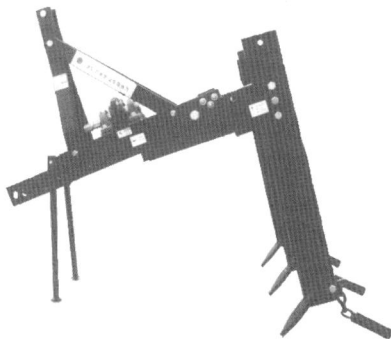

图2-17 驱动式振动深松机(3)

2.自激式振动深松机

自激式振动深松机是近来企业研发生产的深松作业机具,自激式振动深松机是在深松铲上安装具有一定预紧力的弹簧,通过弹簧的压缩与伸展,使深松铲产生振动。此类深松机结构复杂,造价偏高,但可降低功率动力消耗,平均每个深松铲需要的动力在 25 马力左右,应配备相应马力的拖拉机。

自激式振动深松机突破了驱动型深松机深松部件单一的限制,可以使用多种类型的深松部件,深松铲柱与机架柔性连接。在深松作业过程中深松铲不断小幅高频抖动,扩大了松土范围,提高了耕层土壤的破碎率,作业性能和适用范围上有较大提高,深松深度达到 40 厘米,同时具有减阻、越障缓冲的功能。目前应用的主要类型有阻尼振动型、弹簧振动型、弹性铲柱震动。

图 2-18　自激式振动深松机(1)　　　　图 2-19　自激式振动深松机(2)

(六)偏柱式深松机

偏柱式深松机又叫偏柱犁(bentleg plow),由英国首创于 20 世纪 80 年代中期,又称巴拉犁(para plow)。近几年在我国才研制生产。深松铲柱在垂直方向有 40°～50° 的倾角,铲柱下端装有横向的水平刀,起土角为 15°,利用偏置铲柱扩大了对土壤的撬动范围,因而松土范围较大,偏置铲柱与其底部的水平刀组合的结果使玉垡产生抬升运动,土壤受到拉伸作用而破坏松碎,深松深度 40～45 厘米。

机兼具间隔深松和全方位深松的特点,入土性能比全方位深松机好,杂草的通过性好,深松后地表平整,不拉沟、不漏犁,适于秸秆覆盖量大、杂草多的地块作业,偏柱式深松机利用偏置铲柄扩大对土壤的耕作范围,效果与全方位深松机近似。这两类深松机具有松土范围大、碎土效果好的特点,但动力消耗较大,应配备较大马力的拖拉机。但由于非对称的工作部件,侧向受力大,受力不合理,结构件强度要求较大,制造成本高。

有单排、双排深松铲布置形式及根据配套动力选择大、小两种深松铲供用户选择,联合作业机械根据不同地块播种要求,可选择后置不同类型碎土镇压辊(钉齿式、鼠笼式等)。

图 2-20　偏柱式深松机(1)

图 2-21　偏柱式深松机(2)

(七)深松整地联合作业机具

深松整地联合作业是对中下层土壤进行疏松的同时对表土层土壤进行碎土整地作业。国内现有深松整地联合作业机械可分为两种类型。一类是深松部件与驱动型碎土部件(如旋耕刀等)组合的机具,又分为整体式和组配式,组配式联合作业机的深松和整地部分可单独与拖拉机配套,分别进行作业。另一类为深松部件与从动部件(圆盘、碎土辊等)组合的机具。

驱动型深松整地联合作业机具碎土能力强,可充分发挥拖拉机发动机的功率,但结构复杂。从动型深松整地联合作业机械结构简单,可用较高的速度进行作业。

深松整地联合作业机具包括能同时完成两项或多项作业的浅翻深松犁、旋耕深松机、秸秆还田深松机、免耕播种深松机以及旋耕深松施肥整地联合作业机、旋耕深松起垄整地联合作业机、灭茬深松镇压联合整地机、弹性减阻的深松整地联合作业机等。

有的大型联合整地机与大功率拖拉机配套使用,能同时完成灭茬碎土、耕层浅松、底层深松、整平合墒、镇压碎土等多项作业。复式作业机具有生产效率高、一机多用等特点,但功率消耗较大,应配备较大马力的拖拉机。

图 2-22　偏柱式深松机(3)

1. 浅翻深松犁

浅翻深松犁是工作部件对表层土壤浅翻灭茬、疏松,对深层土壤进行间隔深松的机具。其工作部件的一种类型是由深松铲和安装在铲柱上的铧式小犁体组成,深松铲和铧式小犁体以一定的间隔安装在机架上;另一种类型是深松铲按铧式犁的结构排列,结构类似于凿式深松机。

作业时,安装在铲柱上的铧式小犁体对表层土壤进行浅翻灭茬,铲柱和深松铲对深层土壤进行深松,对浅层土壤浅翻灭茬或疏松。现有的产品的浅翻深度 15~20 厘米,深松深度 30~40 厘米。

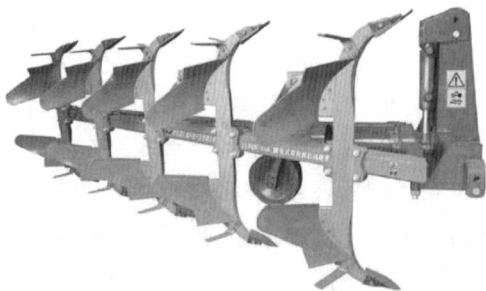

图 2-23　浅翻深松犁(1)

图 2-24　浅翻深松犁(2)

2. 深松部件与驱动型碎土整地部件(旋耕刀辊、驱动耙等)组合的机具

深松部件与驱动型碎土整地部件(旋耕刀辊、驱动耙等)组合的机具又分整体式和组配式,组配式联合作业机的深松和整地部分可单独与拖拉机配套,分别进行作业。该类型的机具碎土能力强,整地效果好,可充分发挥拖拉机发动

机功率,但结构复杂。

3. **深松部件与合墒器(如凸齿碎土辊、鼠笼式碎土辊、圆盘耙、镇压辊等)(从动)**

从动性的深松联合整地作业机械结构简单,但需要较高的作业速度,才能达到较好的整地效果。

4. **可以快速更换深松铲的深松整地联合作业机械**

目前国外进口的有些机械为很好地适应农艺的要求,深松机深松铲可以快速更换。

图 2-25 深松复合作业机具

图 2-26 深松联合整地机

四、深松作业模式的选择

不同深松机具因结构特点不一,作业性能也有一定差异,适用土壤及耕地类型也有一定的变化。一般来讲,以松土、打破犁底层作业为目的的常采用全面深松法;以打破犁底层、蓄水为主要目的的常采用局部深松法。有些种类的机具兼有局部深松和全面深松的特点,如全方位深松机、振动深松机等。

1. **间隔深松**

间隔深松,也叫局部深松,是利用杆齿、凿形铲或铧进行间隔疏松作业的耕作技术,能创造行间、行内虚实并存的耕层结构,虚部保墒蓄水,实部提墒供水,常以打破犁底层、蓄水为目的。

虚部是由机具的深松部件作业产生的,土壤疏松,孔隙度大,透气性好,便于地面水分的迅速渗透,减少地表径流,增加蓄水保墒和抗旱能力,形成"土壤水库",这样有利于微生物的繁殖,促进土壤的分解形成速效养分,且随着土壤水分的渗透,存于土壤虚部的土层;实部是土壤未翻动的部分,保持了地表覆盖、土壤的团粒、结构完整的毛管空隙(含水空隙)状态,因此土壤的空隙度小,水分养分在毛管中均匀分布,温度变化平缓,便于作物根系的发育,且有利于嫌气性微生物的繁殖,增加有机质的含量,便于保持长效养分,培肥地力,增强作物生长后劲。

从农艺上来说,间隔深松优于全方位深松,适于疏植宽行型作物。

间隔深松的机具选择:凿式深松机、凿式带翼、偏柱式深松机等。凿式带翼的深松机可实现中下层土壤的间隔深松、上层土壤的全程疏松。偏柱式深松机具兼有间隔深松和全方位深松的特点。

2. 全方位深松

全方位深松可以让整个土层达到松、碎的效果,碎土系数可达到 0.76,作业后地表平整,这种松土方式主要用于农田的改造(如低洼易涝地块的蓄水排涝),也可以适用于密植窄行型植物、经济作物,如小麦等。全方位深松使用的是全方位深松机。

3. 全面(幅)深松

全面(幅)深松主要是运用全幅深松作业机械,实现耕作幅宽内全幅面无缝深松,也可以适用于密植窄行型植物、经济作物,如小麦等。全面(幅)深松使用的是全幅深松机,属于凿式深松机类。

4. 浅翻深松

浅翻深松耕作技术是少耕法的一种,是在深翻、深松作业基础上发展而来的,是深松铲与浅翻犁铧部件组合的技术,通过浅翻深松一次性联合作业,深松铲对土壤进行深松,以打破犁底层,使下层土壤疏松,有利于蓄水保墒和作物根系的下扎,并可将虫卵、杂草翻入地下,同时在不破坏原来土壤层次结构的情况下,浅翻犁铧对土壤浅层原茬耕翻,能创造出适合种子发芽和作物期生长所需要的苗床条件,同时也有利于耕作层秸秆还田的秸秆的腐烂,确保耕作层的有机质含量,但作业后由于还不能达到待播状态,还需要进行旋耕或耙压等作业,适用于土层较浅的丘陵地区。

浅翻深松采用浅翻深松犁(层耕犁)。

5. 振动深松

振动深松兼具间隔深松和全方位深松的特点,能形成虚实并存的土壤耕层结构,利于作物的生长,其主要的特点是动力消耗小。振动深松采用振动深松机(驱动型和自激型)。

6. 深松联合整地作业

深松联合整地作业是指在对中下层土壤进行疏松的同时对表层土壤进行碎土整地作业,一次作业就能达到待播状态。

深松联合主要有深松＋旋耕、深松＋驱动耙、深松＋碎土合墒器、灭茬＋深松＋碎土合墒器,或者以上与施肥、播种组合等。

深松联合整地作业一次进地完成深松整地等多项作业,并达到待播状态。根据耕整地实际和农艺要求选择,深松＋驱动整地部件的联合作业机具整地效果较好,较受农民的欢迎。

目前按照深松补贴项目分单一深松作业和深松联合作业(如深松作业＋旋耕、秸秆还田＋深松作业＋播种等模式)。

五、深松机具及选择原则

(一) 深松机具

深松机具类型多样,按照作业形式可分为间隔深松机和全方位深松机两大类别;按作业功能可分为单一深松机和复式作业机两种,单一深松机又可分为振动式和非振动式深松机,复式作业机可完成灭茬、旋耕、深松、施肥、播种、覆土等多项作业。非振动式深松机比较常见,主要分为凿式、箭形铲式、翼铲式、全方位、偏柱式等五种类型。各地可根据当地土壤类型、作业方式等要求,选用不同类型的深松机具。

间隔深松机也称行间深松机,利用带有较强入土性能的铲柄和铲尖深入土壤,使得土壤被抬起、放下而松动,同时穿破犁底层。为了扩大土层深松范围,可在深松铲上安装双翼铲。间隔深松后形成虚实并存的耕层结构,虚部保墒蓄水,实部提墒供水。此类深松机可根据生产实际调整深松铲间隔,工作阻力较小,平均每个深松铲需要的动力在30马力左右,应配备相应马力的拖拉机。

全方位深松机多采用"V"型铲刀部件,耕作时从土层的底部切离出梯形截面的土垡条,并使它抬升、后移、下落,使得土垡条得以松碎。偏柱式深松机利用偏置铲柄扩大对土壤的耕作范围,效果与全方位深松机近似。这两类深松机具具有松土范围大、碎土效果好的特点,但动力消耗较大,应配备较大马力的拖拉机。

振动式深松机主要分为驱动式、自激式等两种类型。驱动式振动深松机利用拖拉机动力输出轴来驱动深松铲,边振动边深松,从而降低耕作阻力。自激式振动深松机是在深松铲上安装具有一定预紧力的弹簧,通过弹簧的压缩与伸展,使深松铲产生振动。此类深松机结构复杂,造价偏高,但可降低功率动力消耗,平均每个深松铲需要的动力在25马力左右,应配备相应马力的拖拉机。

复式作业机包括能同时完成两项或多项作业的浅翻深松机、旋耕深松机、秸秆还田深松机、免耕播种深松机以及旋耕深松施肥联合整地机、旋耕深松起垄联合整地机、灭茬深松镇压联合整地机等。有的大型联合整地机与大功率拖拉机配套使用,能同时完成灭茬碎土、耕层浅松、底层深松、整平合墒、镇压碎土等多项作业。复式作业机具有生产效率高、一机多用等特点,但功率消耗较大,应配备较大马力的拖拉机。

（二）选择原则

在国家农机购置补贴政策的支持下,我国生产深松机械的企业数量大,设计制造的深松机械种类多,并且不同结构的深松机,在相同的作业深度下,扰动土壤的体量不同,因此正确选择和使用深松机械,可有效提高深松作业效果效率,增加作业效益。

深松机具的选择要综合考虑机具性能、土壤类型、作物品种、农艺要求等多种因素,选择适合作业的深松机械。

1. 性能

机具性能要满足作业目的。

2. 大小

作业幅宽要与动力相匹配。

3. 质量

产品要料大、工精、焊接可靠、耐用不变形。

4. 服务

服务网点多、态度好、速度快的优先选择。

5. 企业

一定要挑选信誉好、生产能力强的企业。（合作社设备配置以一个主要企业为主）。

6. 作业机型

重型带翼深松机,动土量大,作业深度大,适合棉花、花生地块休闲期前作业;凿铲式间隔深松机,动土量小,适合宽行作物行间深松;振动深松机,动土量中等,可将土壤表面全部松动,适合小麦播前深松。

7. 动力选配

深松作业动力功率的选择要考虑耕深、土壤比阻、深松作业完成的相关工序及工作幅宽等,并考虑工作幅宽与拖拉机轮距相匹配。如大马力拖拉机在安装双后轮后,轮外缘宽度一般在3.3米左右,因此深松机或深松联合整地机的工作幅宽应不低于3.3米。

深松作业大马力拖拉机的合适功率,可大致确定如下:① 与结构最简单的深松机配套,拖拉机功率应不低于 160 马力;② 与结构相对简单的深松联合整地机配套,能完成灭茬、深松、碎土或合墒等作业工序,拖拉机功率应不低于 210 马力;③ 与结构较为复杂的深松联合整地机配套,能完成灭茬混土、深松、合墒、碎土与平整等作业工序,拖拉机功率应不低于 260 马力。

六、深松机具的调整

正确调整和使用深松机是获得高质量作业的前提。

1. 深松铲入土角度的调整

在达到规定作业深度时,深松铲铲尖的最佳入土角为 7°。入土角大,作业阻力加大,严重时不能入土;入土角小,深松深度不足,严重时也不能入土;调整时,应改变拖拉机中拉杆长度,伸长中拉杆,入土角减小;缩短中拉杆,入土角增大。

2. 机架与地表平行的调整

在作业状态时要求机架左右、前后与地表平行,当机架左右与地表不平行时,调节拖拉机左右悬挂吊杆的长度,使其与地表平行;当机架前后与地表不平行时,调节拖拉机中拉杆长度,机架前后与地表平行的调整要与深松铲入土角调整配合进行。

3. 深松深度及碎土镇压强度的调整

一般的深松机都配有碎土、镇压装置,该装置同时还起到限制深松深度的作用,两个作用一次调整。

需要调整时,改变深度调节杆的长度或深度调整定位销在调节孔中的位置,深度调节杆缩短和深度调整定位销上移,深松深度加深,碎土镇压强度减轻;深度调节杆延长和深度调整定位销下移,深松深度变浅,碎土镇压强度加大,调整好后进行锁定。

4. 深松铲间距与左右位置调整

一般机型的左右位置深松铲设计为可调式,来满足不同深松间距的需要。根据深松的农艺要求来确定深松铲间距,调整时松开深松铲卡座固定螺栓,左右窜动深松铲至需要的位置,调整后紧固螺栓。

5. 试深松

机器调整完毕,需进行行试作业。以正常的作业速度行驶一定的距离,停机后检查以下内容:作业深度;地表的平整度;表土破碎程度;镇压效果。各项指标达到农艺要求的标准后方可正常作业。

七、深松机具的操作规程

① 设备必须有专人负责维护使用,熟悉机器性能,了解机器结构及各个操作点的调整方法和使用;② 工作前,必须检查各紧固部位的连接螺栓,不得有松动现象,检查各润滑部位的润滑脂,如缺少应及时添加,检查各易损件的磨损情况;③ 正式作业前要进行深松试作业,调整好深松的深度,检查机车、机具各部件工作情况及作业质量,发现问题及时调整解决,直到符合作业要求;④ 作业中机具应保持匀速直线行驶,且要使深松间隔距离保持一致;⑤ 作业时应保证不重松、不漏松、不拖堆;⑥ 作业时应随时检查作业情况,发现机具有堵塞应及时清理;⑦ 机器在作业过程中如出现异常响声,应及时停止作业,待查明原因并解决后再继续作业;⑧ 机器在工作时,如遇到坚硬和阻力激增时,应及时停止作业,排除状况后再作业;⑨ 机器入土与出土时应缓慢进行,不可强行作业,以免损害机器;⑩ 设备作业一段时间,应进行一次全面检查,发现故障及时修理。

八、深松机的保养

经常检查螺栓、螺母的紧固情况。

每天或每班次作业结束后,清除机器表面泥土和杂物,特别是深松铲、碎土、镇压辊上的泥土和杂物;检查各转动部件是否转动灵活。

季节作业结束后的维护。清除机器表面泥土和杂物,将机器垫起离地,最好在棚内存放,如果在室外存放,必须将机器用防雨材料罩上。

九、土壤深松作业的技术规范

1. 土壤

应根据土壤墒情、耕层土壤特性以及作物种植农艺要求来确定深松作业。

① 适宜深松作业的土壤为沙壤土、壤土、黏壤土等;② 适合深松作业的土壤含水率一般为 15%～22%;③ 实施保护性耕作技术 3～4 年未深松的田块,需要进行深松作业;④ 当 0～25 厘米土壤容重大于 1.4 克/立方米需要进行深松作业;⑤ 地表作业残茬处理较好,覆盖均匀;⑥ 对土壤比阻较大及犁底层较厚的地块,应采用浅松铲与深松铲相结合的复式深松机作业,分层打破犁底层或分次打破或采用现有深松机分次打破;⑦ 对于肥力缺乏的深松作业地块,实施深松作业时配施有机肥,加速土壤肥力的恢复;⑧ 对于杂草、秸秆较多、茬重、病虫害严重的地块建议深耕;⑨ 有机质含量较低的田块不适于深松作业,建议铧式犁或圆盘犁翻耕或浅翻深松犁作业;⑩ 土层薄或沙性土壤或 20 厘米

以下土壤为沙土的地块不宜进行深松作业;⑪ 作业季节土壤含水量较高,比较黏重的地块不宜进行深松作业,尤其不宜采用全方位深松作业,以防止下一年出现坚硬板结的垄条而无法进行耕作。

2. 作业方向

根据作业地块的形状、大小、地势规划作业路线,一般与原垄向一致,确保安全高效、经济作业。

3. 作物品种及收获方式

深松作业选择时,要考虑作物品种及收获方式因素。如玉米、小麦等深根作物适合深松作业;蔬菜及其他经济作物(花生、土豆、胡萝卜等)要考虑其农艺要求,要经过试验、示范后确定其效果,选择合适的作业方式。

4. 作业时间

深松整地一般集中在两个阶段。

一是秋季作物收获后或秋整地前,9 月下旬～12 月上旬,主要是接纳秋冬两季的雨水和雪水,有效抵御春旱;

二是夏季作物收获后或春播前,3 月上旬～5 月下旬,可充分接纳夏季的雨水,防止地表形成径流,达到抗旱排涝的目的。

春季深松要及时镇压,以免跑墒。

5. 作业周期

深松是可选择性的作业,不需要每年都进行,应视土壤类型、有机质含量及土壤疏松情况灵活掌握深松间隔周期。

对于实施保护性耕作免耕播种的地块,长期免耕易造成土壤压实板结,但不能采用铧式犁耕翻作业,一般 2～4 年深松 1 次为宜。

对于传统耕作的地块视具体情况及相关要求而定,目前还没有统一的说法,最好根据耕作实际,合理选择深松或深翻作业。

6. 深松深度

深松作业能加深耕作层,深松深度的选择应根据机具性能、土壤的情况及农艺要求确定深松深度,因地制宜,易深则深,易浅则浅,深松深度的增加与产量的增加不成直线比例关系。

一般情况下,以作物根系生长范围和打破犁底层为原则,同时还要考虑作业成本,首次打破犁底层不易过深,对于土壤比阻较大、犁底层较厚的地块,使用普通联合整地机难以达到深松整地的效果,应采用浅松铲与深松铲相结合的深松机进行复式深松作业,分层打破犁地层,以保持耕层土壤适宜的松实度和创造合理的耕层结构。

7. 作业机具

作业时在主机能够正常牵引的挡位上尽可能加大油门提高车速,以便获得理想的深松作业质量。

间隔深松机根据生产实际调整深松铲间隔,平均每个深松铲需要的动力约30马力;全方位深松机动力消耗较大,应配备大马力拖拉机;振动深松机结构复杂,造价较高,但可降低功率动力消耗,平均每个铲需要动力约25马力;深松整地联合作业机能同时完成两项或多项作业功能,一机多用,功率消耗较大,应配备较大马力的拖拉机。

十、深松和旋耕、深耕的区别

(一) 三种作业模式

深松是疏松土层而不翻转土层,保持原土层不乱的一种土壤耕作方法。深松可以加深耕层,增强雨水渗入速度和数量;深松不翻转土层,使残茬、秸秆、杂草大部分覆盖于地表,既有利于保墒,减少风蚀,又可以吸纳更多的雨水,还可以延缓径流的产生,削弱径流强度,缓解地表径流对土壤的冲刷,减少水土流失,有效地保护土壤。深松不能翻埋肥料、杂草、秸秆,对减少病虫害没有作用,一般要求深松深度不小于 25 厘米。

旋耕是使用旋耕机具松碎耕层土壤的耕作方法。通过旋耕机刀片的高速旋转,达到切削土壤、平整地面的目的。具有耕作深度较浅、碎土性能较强、旱耕时土块细碎、水耕时地表泥烂起浆、耕后地面平整等特点。由于旋耕 1 次就可收到翻、耙、平等几种作业的效果,也有利于减少工序、降低成本和保证作业及时。

深翻(确切说是深耕翻)是土壤耕作的重要内容之一,是农业生产中经常运用的重要技术措施。深翻就是利用机械的作用,加深耕层,疏松土壤,增加土壤的孔隙度,形成土壤水库,增强雨水渗入速度和数量避免产生地面径流,打破犁底层,熟化土壤,使耕层厚而疏松,结构良好,通气性强,土壤中水、肥、气、热相互协调,利于种子发芽,作物根系生长好,数量多;可以掩埋有机肥料,清除残茬杂草、消灭寄生在土壤中或残茬上的病虫害。

(二) 三种模式优缺点

深松是保护性耕作的一种,最大的好处是节约耕作成本,最大限度地保护田块,适用于土壤板结严重的改良,以及在一些干旱地区的农业生产。著名的垂直农业耕作模式,就是主要依靠深松 + 重型圆盘耙来完成的。但对拖拉机动力要求高,而且作业效果不是立竿见影,后续还需要施撒除草剂等。

旋耕具有耕作深度较浅、碎土性能较强、旱耕时土块细碎、水耕时地表泥烂起浆、耕后地面平整等特点。由于旋耕 1 次就可收到翻、耙、平等几种作业的效果,也有利于减少工序、降低成本和保证作业及时。旋耕的缺点是深度偏浅,碎土过甚,南方稻田长期应用这种耕作方法,会破坏土壤结构,导致通透性变差、渗水困难、犁底层升高、耕层变浅,因而常交替应用铧式犁深翻和旋耕作业,以避免上述缺点。

深翻也能够有效打破犁底层,动力配置高,但能够将杂草、虫卵等翻到地下,减少除草剂的施撒,秸秆腐烂后也是很好的肥料。但是,深耕后还需要整地。

(三) 对我国选择的建议

目前国家在大力倡导深松作业,而且补贴很多。但不是所有地区都适合深松,不是某一地区所有的地块都适合深松,深松不是万能的,只是一种耕作模式,多用在保护性耕作,解决保护性耕作不能翻地而又能疏松土壤的问题。我国对农田的保护力度还有待加强,不管什么耕作模式,都是因地制宜而不能一刀切。

坚持深松深耕结合,在形成集成配套的机械化地力提升模式上更进一步。从 2018 年开始,青岛市将进入"同一地块三年深松一遍"的良性循环。根据近三年来的深松工作实践经验,结合市级深松示范区的试验结果,以及区域性秸秆量处理难的现状,建议由实施单一深松整地技术,升级为深松深耕相配套的耕地地力提升新模式。在技术模式上,因地制宜推广深松深耕技术,在平度西南部、莱西南部、即墨西北部的粮食主产区,实施深耕作业,深度超过 30 厘米,实现秸秆全量还田;在其他适宜区域,实施深松作业,深度超过 25 厘米。在实施面积上,每年完成深松深耕补助面积 100 万亩,深松和深耕补助面积各 50 万亩。在补助方式上,实行谁作业谁得补助,同一地块三年只能享受一次深松或深耕补助。在资金安排上,每亩补助 40 元,补助标准与全省持平,资金总量保持不变,资金来源从中央现代农业发展资金、中央农机购置补贴资金和市级农机深松整地专项资金统筹安排。在推进深松深耕作业补助的同时,坚持"农用优先、就地就近、政府引导、市场运作、科技支撑"的原则,积极开展秸秆资源化利用试点,化不利因素为有利因素,在提升耕地地力上做出积极探索。

坚持上下联动,在形成集约高效的组织推进机制上更进一步。要完善联席会议、组织实施、检查考核等一系列制度措施,更加注重调动基层政府的积极性,形成上下联动、协调有力的工作格局。既要将深松深耕作业任务层层分解下去,层层传导压力,落实责任,同时,又要以粮食高产创建示范方为重点,坚持整镇整村、集中连片地推进。要采用免费作业的服务方式。从近几年开展深松作业补助的经验来看,实行差额作业补助,要从农户手里再收取一部分作业费,群众接受程度低,推进难度大,而适当提高作业标准,实行免费作业,虽然农机手的单位作业面积利润降低,但是群众不用自己出钱更易于接受,既能够适应我市秋季抢茬播种的农时紧的节奏特点,又有利于集中连片快速推进。

坚持全程留痕,在形成精准务实的补助资金监管方式上更进一步。要推行公开招标的方式选择作业主体。通过近年来的深松整地作业补助项目实施,作为深松作业主体的农机合作社,总体规模和规范化管理水平有了大幅度提高,基层农机部门也积累了丰富的工作经验,完全可以采取公开招标的方式确定作业主体,把建设规模大、作业能力强、社会信誉高的农机合作社选拔进来。要继续坚持信息化的监测方式。在强化人工实地检测、电话核查、随机抽查等传统监管措施的基础上,全面运用卫星定位、物联网等信息化手段进行实时监测。要提高信息化监测的简约性。协调智能监测服务商升级监测系统,通过建立微信小程序等措施,实现作业数据及时上传处理,机手随时获取作业信息,出现问题随时修正处理,既保证监测数据的真实有效,又方便主管部门和机手实时互动。要完善财政作业补助项目的绩效评价体系,推动深松深耕、秸秆还田作业补助更加公开透明、精准高效。

第六节　机械化深松技术要求

采用深松作业方式的土壤质地主要为黏质土和壤土。由于长期采用旋耕、翻耕作业方式而产生犁底层的地块,应进行深松整地作业。当土壤容重大于每立方厘米1.4克,并且影响作物生长时,应适时进行深松整地作业,适宜深松的土壤含水率一般为12%～22%。20厘米以下为沙质土的地块和水田区,不宜开展深松整地作业。

一、东北一熟区

区域范围:主要包括黑龙江、吉林、辽宁东北三省及内蒙古东部,种植制度为一年一熟,主要作物为玉米、大豆、水稻、杂粮和经济林果。其中东北三省东部,年降水量500～800毫米,气候属温带半湿润和半干旱气候类型,土壤以黑土、草甸土、暗棕壤为主;东北三省西部和内蒙古东部,年降水量300～500毫米,气候属温带半干旱气候类型,土壤以栗钙土和草甸土为主。此区域以保护黑土地、打破犁底层、增强土壤抗旱能力为目标,开展农机深松整地技术推广。

深松时间：此区域冬季土壤冻结早，春季土壤解冻晚，可在夏季苗期或秋季收获后进行深松作业。苗期深松，可以疏松耕层土壤，提高其蓄水能力，促进农作物根系下扎，抗倒伏能力增强。秋季深松，可最大限度保蓄冬季雨雪，并增加翌年夏季雨水保蓄能力，实现冬雪春用、夏雨秋用的目标。辽宁部分地区可在春季实施深松整地作业。

深松作业标准：深松应能打破犁底层，深度一般要大于 25 厘米，不超过 40 厘米；如果采用凿（铲）式深松机，相邻两铲间距不得大于 2 倍深松深度；深松后为了防止土壤水分蒸发，深松机应加装性能良好的碎土、合墒等装置。

二、黄淮海两熟区

区域范围：主要包括北京、天津、河北中南部、河南、山东，以及江苏北部、安徽北部、陕西关中平原等。此区域年降雨量 450～700 毫米，气候属温带—暖温带半湿润偏旱区和半湿润区，灌溉条件相对较好。农业土壤类型多样，水、气、光、热条件与农事需求基本同步，可满足两年三熟或一年两熟种植制度的要求，主要作物为小麦、玉米、花生和棉花等。此区域以打破犁底层，增加土壤积蓄夏季雨水的能力为目标，开展农机深松整地技术推广。

深松时间：此区域冬季寒冷干燥，春季干旱多风沙，可在前茬作物收获后、下茬作物播种前进行深松，以接纳雨水，增加土壤蓄水量。在不影响作物生长的情况下，也可根据需要在玉米苗期进行深松。

深松作业标准：深松应能打破犁底层，深度一般要大于 25 厘米，不超过 40 厘米；如果采用凿（铲）式深松机，相邻两铲间距不得大于 2.5 倍深松深度；由于这一区域没有休闲期，深松后很快就要进行播种，深松机必须具有较好的合墒整镇压平功能；如果在小麦播种前深松，还应该具有较好的土地平整功能，以利于保证小麦播种质量。

三、长城沿线风沙区

区域范围：主要包括河北北部（含坝上）、内蒙古中南部、山西北部、陕西北部。此区域地势较高，气候冷凉，干旱多风，属风沙半干旱区的农牧交错带，年降雨量 250～450 毫米，土壤以栗钙土、灰褐土为主。种植制度一年一熟，主要作物为小麦、玉米、大豆、谷子等。此区域以打破犁底层、保蓄夏季雨水、减少土壤水分无效蒸发、减轻土壤风蚀为目标，开展农机深松整地技术推广。

深松时间：此区域春季风沙严重，冬季雨雪较多，可在春播之前或秋收之后深松，以积蓄夏季降雨和冬季雨雪。

深松作业标准：深松应能打破犁底层，深度一般要大于25厘米，不超过35厘米；如果采用凿（铲）式深松机，相邻两铲间距不得大于2.5倍深松深度；由于这一区域春季风沙严重，春播之前深松，深松机应具备较好的合墒整地功能；秋收之后深松，深松机应具备一定的秸秆处理能力，以保留一定量的秸秆覆盖地表。

四、西北黄土高原区

区域范围：主要包括山西大部、陕西中北部和南部、宁夏南部、甘肃中东部、青海。此区域年降水量300～650毫米，气候属暖温带干旱半干旱类型，土壤以黄绵土、黑垆土为主。种植制度主要为一年一熟，主要作物为小麦、玉米、杂粮。此区域以打破犁底层、保蓄夏季雨水、减少土壤水分无效蒸发为目标，开展农机深松整地技术推广。

深松时间：这一区域年均降水量较少，干旱缺水，春季旱情严重，降水多集中于夏季，冬季雨雪较多。可在夏季、秋季收获后，进行深松作业，以积蓄夏季降雨和冬季雨雪。

深松作业标准：深松应能打破犁底层，深度一般要大于25厘米，不超过40厘米；如果采用凿（铲）式深松机，相邻两铲间距不得大于2倍深松深度；由于这一区域春季风沙严重，深松机应具备一定的秸秆处理能力，冬春季节应有一定量的秸秆覆盖地表；由于黄土高原水土流失严重，如果在坡耕地作业，不得顺坡深松，以减轻水土流失，而且深松后必须具有较好的合墒功能。

五、西北绿洲农业区

区域范围：主要包括新疆及甘肃河西走廊、内蒙古西部、宁夏中部北部。此区域气候干燥，年降雨量50～250毫米，属中温干旱、半干旱气候区，土壤以灰钙土、灌淤土和盐土为主。光热资源和土地资源丰富，种植制度以一年一熟为主，是我国重要的粮、棉、油、糖、瓜果商品生产基地。此区域以打破犁底层、加深蓄水层、减少土壤水分无效蒸发为目标，开展农机深松整地技术推广。

深松时间：此区域春季风沙严重，冬季雨雪较多，可在夏季、秋季收获后，进行深松作业，以保蓄冬季雨雪和夏季降雨。

深松作业标准：深松应能打破犁底层，深度一般要大于25厘米；如果采用凿（铲）式深松机，相邻两铲间距不得大于2倍深松深度；由于这一区域春季风沙严重，深松机应具备一定的秸秆处理能力，冬春季节应有一定量的秸秆覆盖地表；由于蒸发量较大，深松机必须具有较好的合墒功能。

六、南方旱田种植区

区域范围:主要包括湖北、湖南、重庆、云南等省份中全年不种植水稻的旱田。此区域夏季高温多雨,冬季温和少雨,降水量在 800 毫米以上,以热带亚热带季风气候为主。土壤以红壤土为主,种植制度为一年多熟。此区域以打破犁底层、加深蓄水层、减少土壤水分无效蒸发为目标,开展农机深松整地技术推广。

深松时间:此区域年均降水量较多,蒸发量大,但季节性干旱严重,可在全年任意不影响后续作业的时期进行深松作业。

深松作业标准:深松应能打破犁底层,深度一般要大于 25 厘米,不超过 35 厘米;如果采用凿(铲)式深松机,相邻两铲间距不得大于 2 倍深松深度;由于深松后很快将进行下一项作业,深松机必须具有较好的合墒平整土地的功能。

七、南方甘蔗区

区域范围:主要包括广东、广西、福建、海南等甘蔗种植区。此区域年降水量 800~1 200 毫米,日照时数在 1 195 小时以上,属热带及亚热带地区,土壤多为赤红壤和砖红壤,通气性差、有机质含量低。此区域以打破犁底层、加深耕作层、减少土壤水分无效蒸发、增加土壤蓄水能力为目标,开展农机深松整地技术推广。

深松时间:此区域年均降水量较多,甘蔗根系发达,可在甘蔗种植之前进行深松。

深松作业标准:深松应能打破犁底层,深度一般要大于 35 厘米,不超过 45 厘米;采用凿(铲)式深松机,相邻两铲间距不得大于 2 倍深松深度。

在本规划设定的七个区域中,深松周期一般应在三年以上。部分区域可根据作物种类、土壤状况和气候条件,适当调整深松周期和作业深度。

第七节 机械化深松的理论研究

一、深松对保护性耕作小麦玉米产量有重要影响

为了研究深松时间点对当季作物产量、全年作物产量的影响,分别设置了小麦收获后玉米播种前的夏季深松和玉米收获后小麦播种前的秋季深松,与不深松地块对比。

试验表明,采用夏深松的总产量最高,比不深松高 3.7%,比秋深松高 3.3%。并且深松对当季产量影响最大。但是连续的深松,可能造成土壤过松、

或土壤紧实不匀等多种问题。夏季深松对玉米产量的影响较大,所以对全年产量影响明显。试验表明深松对当季作物产量的影响要明显,对玉米增产的效果要比小麦明显。干旱缺水和土壤压实成为制约北方高产区一年两作保护性耕作作物产量的两个重要因素,土壤紧实程度增大,植物的根系发育会受到限制;在一定程度上损伤了植物叶片的细胞膜,会使植物叶片的一些酶的活性降低,酶活性降低必然导致光合效率下降。进而限制了植物地面部分的正常生长,深松能够疏松土壤,提高了自然降水的利用率,打破犁底层,达到节约用水、提高作物产量的目的。在作物的所有生长时期,深松耕作下的土壤容重和紧实度明显变小。

深松对小麦出苗和苗期生长产生影响。深松能促进小麦幼苗生长,比不深松的苗期生长显著。深松对小麦叶面积变化的影响。不同处理对小麦叶面积的影响,主要通过群体大小产生影响。深松对小麦叶片衰老较慢。苗期深松对小麦产量性状及产量的影响。有效穗数、千粒重分别增加深松有利于增加有效穗数和千粒重。

深松玉米增产的原因主要是促进了花后干物质积累量,增大花后花前干物质比例;花后物质生产增加主要是提高了花后叶片的光合功能和灌浆速率,深松对耕层指标的调控主要降低了0~30层的土壤容重,提高了土层的根干重密度,同时增加了花后根系伤流量。

从三年的总产量和深松的次数来看,对产量影响减弱甚至逐渐产生负面影响,适宜2~4年深松一次,建议选择在墒情较好的年份深松。

二、深松对小麦总分蘖数的影响

本试验是在山东省青岛市平度市田庄镇的农业试验小区进行的,试验小区的土壤类型为砂姜黑土。采用小麦—玉米轮作种植模式,收获后秸秆进行还田处理。

图2-27,是三次植物取样的小麦群体变化图。从图中可以看出,在不同时期的同一耕作处理方式下,四种耕作方案均表现出冬小麦群体逐渐下降的趋势。下降的差值最大表现为120.74万穗/亩,最小差值为16.09万穗/亩。但就冬小麦总分蘖数理论变化趋势而言,其群体应表现出先增加后减少的趋势。而将同期取样的不同试验处理所测定的数值进行比较,可以看出,在三次取样的测定值中,都在不同程度上表现为两种深松处理和深翻处理的测定值均比CK(传统模式)处理的测定值大。再将同一时期的深松25厘米和深松35厘米进行比较,除第一次取样的测定值深松35厘米比深松25厘米的数值高22.57

万穗/亩外,后两次的取样测定结果显示,深松 35 厘米比深松 25 厘米的测定值小 1～6 万穗/亩不等。虽然数值上有所下降,但可以看出这种下降幅度并不显著。而测定结果同样可以反映出深松与深翻处理下的小麦长势均要比传统耕种模式下的好。

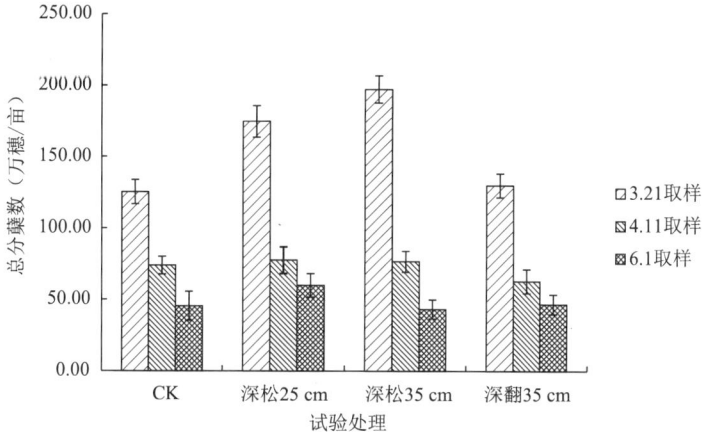

图 2-27　冬小麦分蘖数量变化(CK 为传统模式)

所以从整体水平来看,小麦生长期间的总分蘖数的变化趋势表现为先增加后减少。这就与小麦总群体量的理论变化趋势相一致了。

三、深松对小麦成熟期干物质量的影响

本试验是在山东省青岛市平度市田庄镇的农业试验小区进行的,试验小区的土壤类型为砂姜黑土。采用小麦—玉米轮作种植模式,收获后秸秆进行还田处理。

通过试验得知不同时期不同耕作处理下的小麦干物质量变化结果显示,比较同一次采回样品的不同耕作处理的小麦植株干物质积累量的变化,就第一次取样的测定结果而言,深松 25 厘米,深松 35 厘米以及深翻处理下的小麦植株幼苗时期的光合产物的积累量与 CK 处理相比均比 CK 处理要低。对 4 月 11 日和 6 月 1 日取样所测定的数值进行相同的比较发现其比较结果与 3 月 21 日取样的比较结果是相同的。其中最大差值达到 23.07%。而分析比较不同时期取样的相同耕作处理所测定的干物质量的积累值可以发现,不论就哪一种试验处理方式而言,后两次取样的测定值都要比 3 月 21 日的取样测定值要高。比较其差值最大可达到 39%。且三次取样结果的总体趋势均表现为先增加后减少。

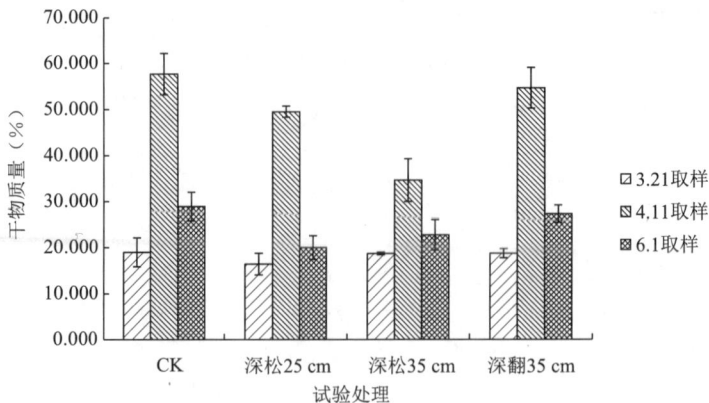

图 2-28　冬小麦干物质量变化

四、深松对小麦成熟期旗叶相关指标的影响

本试验是在山东省青岛市平度市田庄镇的农业试验小区进行的,试验小区的土壤类型为砂姜黑土。采用小麦—玉米轮作种植模式,收获后秸秆进行还田处理。

从试验的结果来看,分析比较不同耕作方式处理下小麦旗叶长度之间的差异,这种差异并不明显,四种耕作处理的测定值浮动在 12.19 厘米上下。而分析比较不同耕作方式处理下小麦旗叶宽度之间的差异,四种耕作方式处理下所得测定值的差异存在,数值浮动在 0.85 厘米上下。可以看出,这种差异虽然很小,但相比较旗叶长度来说是显著的。同样分析比较不同耕作方式处理下小麦旗叶面积之间的差异,深松与深翻共三种不同的处理分别与 CK 处理相比较,可以得出,从一种耕作处理方式的总体水平上来看,深松 25 厘米的旗叶面积与 CK 处理相比较差值最大为 2.35。

表 2-1　冬小麦旗叶相关性状的变化比较

处理	旗叶长(厘米)	旗叶宽(厘米)	旗叶面积(平方厘米)
CK	12.16±0.71a	0.97±0.06a	8.58±0.73a
深松 25 厘米	11.78±1.00a	0.91±0.07a	6.23±0.65b
深松 35 厘米	12.51±0.69a	0.68±0.04b	8.21±0.81a
深翻 35 厘米	12.29±0.22a	0.84±0.14a	7.62±1.42ab

通过试验得知:三种处理与 CK 相比差异大小排序为:深翻 35 厘米 > 深松 25 厘米 > 深松 35 厘米。

五、深松对小麦节间长度及其重量的影响

本试验是在山东省青岛市平度市田庄镇的农业试验小区进行的,试验小区的土壤类型为砂姜黑土。采用小麦—玉米轮作种植模式,收获后秸秆进行还田处理。

在试验中比较在不同的耕作模式下小麦成熟期的节间长度及其重量的变化。可以看出,小麦成熟期不同耕作模式下基部节间长度之间的差异并不明显。这种差异虽然不明显,但根据结果表明两种深松处理和深翻处理下的基部节间长度值均高于 CK 处理,差值在 0.16 上下浮动,且深松 25 厘米处理下的柱形最高为 5.27 厘米。比较在不同的耕作模式下小麦成熟期穗下节间长度的变化,可以看出,两种深松处理和深翻处理的测定数值都要比 CK 处理的测定值高,且深松 25 厘米的节间长度是最大的,最大穗下节间长度为 22.65 厘米。差值最小的处理为深翻 35 厘米,最小差值为 0.51。这可以表明在深松与深翻两种耕作方式的处理下小麦植株的长势要好于传统的耕作,且以深松 25 厘米的效果最好。

比较在不同的耕作模式下小麦成熟期基部节间重量的变化,可以看出,与 CK 相比其他三种耕作处理的测定数值都要比 CK 处理的测定值小。分析结果,小麦的基部节间长度和重量与小麦植株的耐倒伏能力有一定的关系,基部节间长度短且质量大的植株更为耐倒伏。

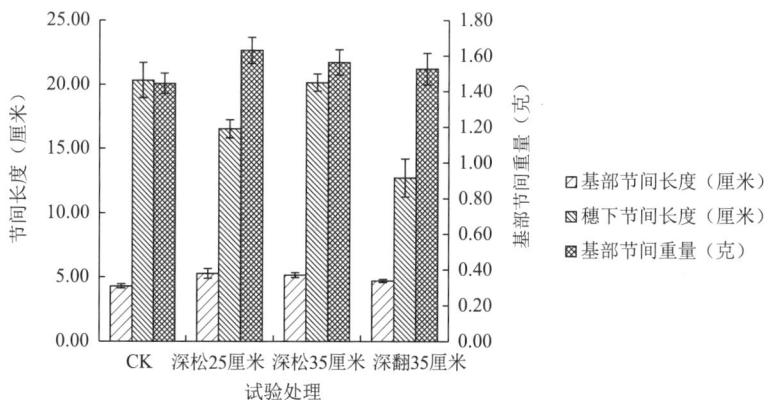

图 2-29 冬小麦节间长度变化

从图 2-29 可以看出,相比较于穗下节间的长度,基部节间的长度占据小麦植株总高度的比例要小很多。这可以表明在深松和深翻两种耕作模式下小麦植株更耐倒伏。

六、深松对小麦根系总投影面积的影响

本试验是在山东省青岛市平度市田庄镇的农业试验小区进行的,试验小区的土壤类型为砂姜黑土。采用小麦—玉米轮作种植模式,收获后秸秆进行还田处理。

从图 2-30 中可以得出,在 3 月 21 日取样的土壤根系分析中,同一深度不同耕作处理下,0～20 厘米厚度中,两种深松处理与深翻处理的根系总投影面积值均高于 CK 处理,最大根系总投影面积值为 29.31 平方厘米。在 20～40 厘米厚度与 40～60 厘米厚度中,也表现出同样的结果。即在三个厚度层中,深松与深翻耕作模式下的根系总投影面积均比 CK 模式下大。且在四种耕作模式下,随着土壤深度的增加土壤中根系的总投影面积值呈现下降的趋势。这同时可以说明,在四种耕作模式下,随着土壤深度的增加土壤中根系的总量和分布面积值是呈下降趋势的。

从图 2-31 中可以得出,在 4 月 11 日取样的土壤根系分析中,同一深度不同耕作处理下,0～20 厘米,20～40 厘米,40～60 厘米的小麦根系总投影面积值均呈现先上升后下降的趋势。在 0～20 厘米的土壤深度中,以深松 25 厘米耕作模式下的总投影面积最大,最大值为 25.23 平方厘米。而在四种耕作模式下,随着土壤深度的增加土壤中根系的总投影面积值大致呈现为下降的趋势,即随着土壤深度的增加土壤中根系的总量和分布面积值是呈下降趋势的。

从图 2-32 中可以得出,在 5 月 22 日取样的土壤根系分析中,同一深度不同耕作处理下,0～20 厘米,20～40 厘米,40～60 厘米的小麦根系总投影面积值均呈现先下降后上升的趋势。而在四种耕作模式下,随着土壤深度的增加土壤中根系的总投影面积值呈现为下降的趋势。即对三次取样后对小麦根系总投影面积值的测定值进行分析比较,其结果均表现为:随着土壤深度的增加土壤中根系的总投影面积值呈现下降的趋势。即随着土壤深度的增加土壤中根系的总量和分布面积值是逐渐下降的。

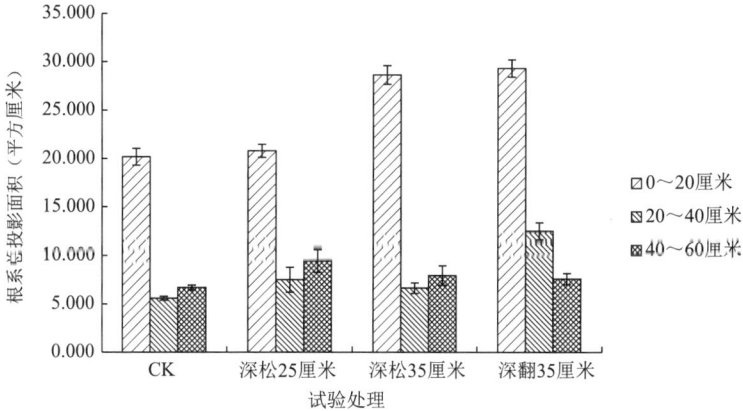

图 2-30 3月21日不同耕作处理下冬小麦根系总投影面积变化图

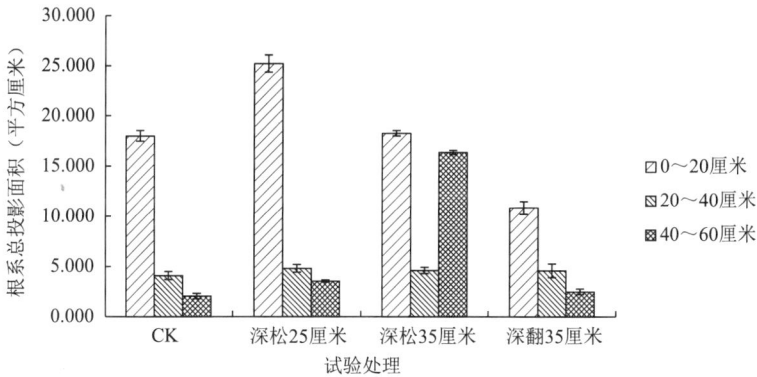

图 2-31 4月11日不同耕作处理下冬小麦根系总投影面积变化图

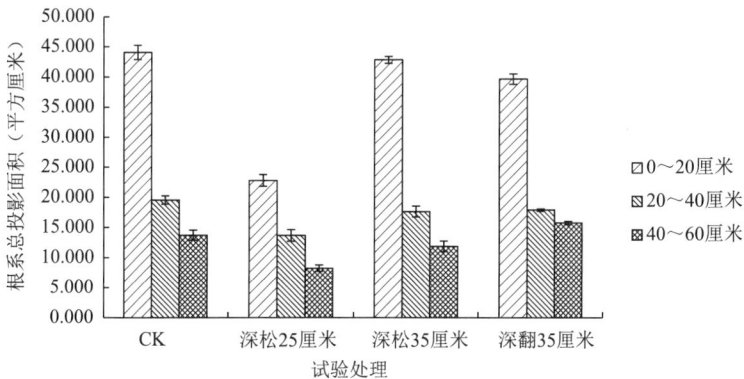

图 2-32 5月22日不同耕作处理下冬小麦根系总投影面积变化图

分析结果表明,由于常年旋耕浅耕而形成的犁底层对于植物根系的下扎产生严重的阻碍作用,这种阻碍作用会随着耕地土壤深度的增加而增大。而深松与深翻的耕作模式能够有效地消除一部分阻碍作用,使得小麦在生长过程中,根系的下扎力度、下扎量以及下扎面积都会逐步增加。这也将进一步有利于小麦生长过程中对于土壤水分和养分的利用,也将进一步有利于其产量的提高。

七、深松对土壤 pH 的影响

本试验是在山东省青岛市平度市田庄镇的农业试验小区进行的,试验小区的土壤类型为砂姜黑土。采用小麦—玉米轮作种植模式,收获后秸秆进行还田处理。

由试验结果可以看出,该地土壤偏碱性。其中,0～20 厘米的不同处理中,CK(传统模式)的 pH 从 9.49 变为 8.78 又变为 8.59,变化率为 7.48%、2.16%;A1 的 pH 从 8.96 变为 8.90 又变为 8.50,变化率为 0.67%、4.50%;A2 的 pH 从 9.15 变为 8.90 又变为 8.58,变化率为 2.73%、3.60%;B 的 pH 从 9.55 变为 8.78 又变为 8.58,变化率为 8.06%、2.28%。由此可以得出在 0～20 厘米的土层里,未深松土壤 pH 前期变化较大,后期变化较小,深松土壤较未深松土壤变化较小。

在 20～40 厘米的不同处理中,CK 的 pH 从 9.15 变为 8.71 又变为 8.31,变化率为 4.81%、4.60%;A1 的 pH 从 9.02 变为 8.89 又变为 8.25,变化率为 1.44%、7.20%;A2 的 pH 从 8.79 变为 8.93 又变为 8.61,变化率为 1.60%、3.58%;B 的 pH 从 9.29 变为 8.74 又变为 8.37,变化率为 5.92%、4.23%。由此可以得出在 20～40 厘米的土层里,未深松土壤 pH 前后变化率比较均一,没有太大的浮动,深松土壤 pH 的变化率有增加的趋势。

在 40～60 厘米的不同处理中,CK 的 pH 从 9.00 变为 8.72 又变为 8.10,变化率为 3.11%、7.11%;A1 的 pH 从 8.96 变为 8.67 又变为 8.13,变化率为 3.24%、6.23%;A2 的 pH8.63 变为 8.77 又变为 8.34,变化率为 1.62%、4.90%;B 的 pH 从 9.31 变为 8.72 又变为 8.29,变化率为 6.34%、4.93%。由此可以得出在 40～60 厘米的土层里,深松土壤 pH 前期较后期变化率增加。

表 2-2　不同时期土壤酸碱性变化

处理(厘米)	2017.3.21	2017.4.11	2017.5.22
	pH	pH	pH
CK(0～20)	9.49±0.14	8.78±0.13	8.59±0.24

续表

处理(厘米)	2017.3.21	2017.4.11	2017.5.22
	pH	pH	pH
CK(20~40)	9.15±0.33	8.71±0.42	8.31±0.21
CK(40~60)	9.00±0.19	8.72±0.30	8.10±0.16
A1(0~20)	8.96±0.52	8.90±0.08	8.50±0.16
A1(20~40)	9.02±0.29	8.89±0.05	8.25±0.16
A1(40~60)	8.96±0.20	8.67±0.17	8.13±0.10
A2(0~20)	9.15±0.26	8.90±0.05	8.58±0.05
A2(20~40)	8.79±0.64	8.93±0.11	8.61±0.12
A2(40~60)	8.63±0.37	8.77±0.08	8.34±0.07
B(0~20)	9.55±0.11	8.78±0.06	8.58±0.13
B(20~40)	9.29±0.12	8.74±0.05	8.37±0.20
B(40~60)	9.31±0.12	8.72±0.11	8.29±0.19

综合分析发现,各处理的土壤 pH 无明显变化,但是值得注意的是,不管是是否深松,土壤 pH 都随时间变化而逐渐降低碱性,这与肥料的施用有一定的关系。与田庄试验之前的土壤相比,土壤碱性增加。

八、深松对土壤有机质的影响

本试验是在山东省青岛市平度市田庄镇的农业试验小区进行的,试验小区的土壤类型为砂姜黑土。采用小麦—玉米轮作种植模式,收获后秸秆进行还田处理。

土壤有机质是指土壤中的所含碳的有机物质,是土壤固相部分的重要组成成分。尽管在土壤总量中有机质含量只占很小一部分,但它对土壤形成、土壤肥力和农林业可持续发展等方面都有重要的影响,并且有机质含量会直接影响着土壤的肥力。在不同土壤中土壤有机质的含量差异很大,在土壤学中,对于耕作层有机质含量分类方法一般为,有机质含量在 20% 以上的土壤为有机质土壤,有机质含量在 20% 以下的土壤为矿质土壤,通过试验检测该试验田为矿质土壤。

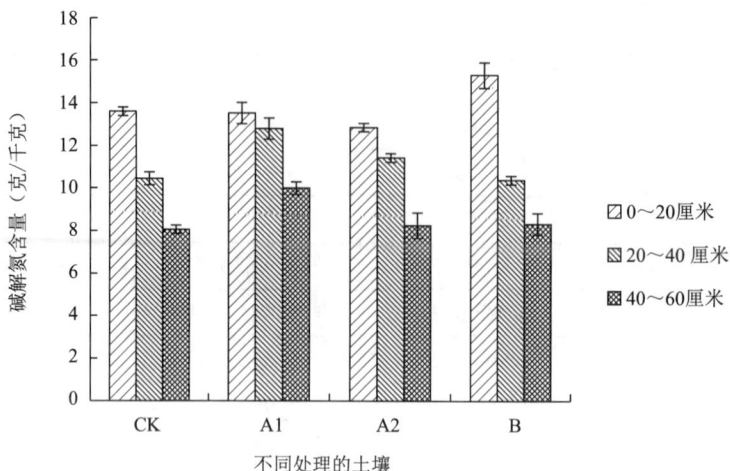

图 2-33　3 月 21 日不同处理土壤有机质含量

　　由图 2-33 可以发现,在不同处理中,有机质含量都随土壤深度增加而逐渐减少,有机质含量最高为 15.30 克/千克,是 B 处理的 0～20 厘米土层,有机质含量最低为 8.05 克/千克,是 CK 处理的 40～60 厘米土层,相差 7.24 克/千克。其中,通过 A1、A2、B 与 CK 对比发现,A1、A2 中有机质含量变化与 CK 处理相似,B 处理与 CK 处理间差异较大。另外,通过对 A1、A2 与 B 比较发现,深松的土壤有机质含量减少比较缓慢,有机质损失较少,在不同土层中,有机质含量变化最大的为深翻 35 厘米的 B 处理,有机质损失较多。

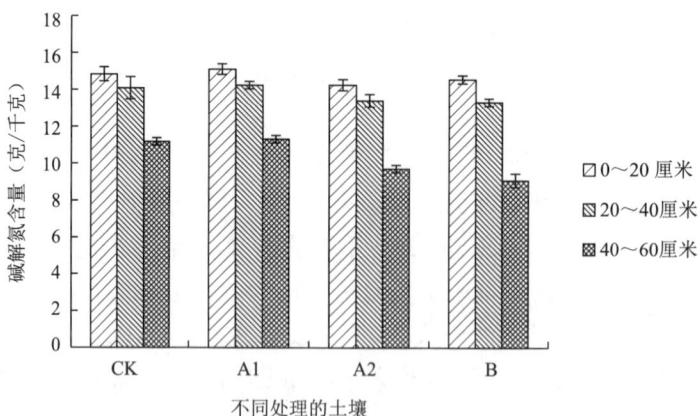

图 2-34　4 月 11 日不同处理土壤有机质含量

由图 2-34 发现,在不同处理中,有机质含量都随土壤深度增加而逐渐减少,有机质含量最高为 15.11 克/千克,是 A1 处理的 0~20 厘米土层,有机质含量最低为 9.01 克/千克,是 B 处理的 40~60 厘米土层,相差 6.10 克/千克。通过比较 CK(传统模式)与 A1、A2、B 发现,A1 处理的土壤有机质含量与 CK 相似,A2 与 B 比 CK 处理略低,在比较浅翻 20 厘米(CK)、双翼深松 25 厘米(A1)、双翼深松 35 厘米(A2)、深翻 35 厘米(B)发现,只要对土壤作业达到相同深度,有机质含量基本相同。其中,通过与图 2-33 比较发现,在 4 月 11 日前后,不同处理的土壤之间有机质含量差别不大。

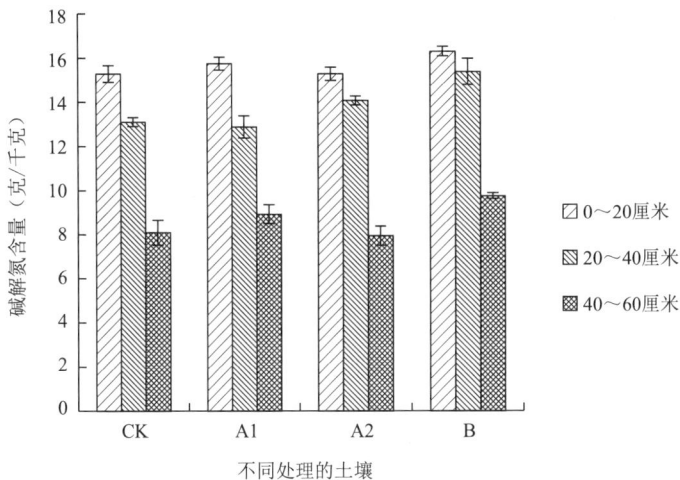

图 2-35　4 月 11 日不同处理土壤有机质含量

由图 2-35 可以发现,有机质含量变化与图 2-35、图 2-36 基本相同,有机质含量最高为 16.29 克/千克,是 B 处理的 0~20 厘米土层,有机质含量最低为 7.94 克/千克,是 A2 处理的 40~60 厘米土层,相差 8.35 克/千克。比较图 2-35、图 2-36、图 2-37 发现,在不同处理中,有机质含量都随土壤深度增加而逐渐减少,与田庄试验之前的土壤有机质含量相比,土壤有机质含量变化不大,深松处理的土壤与未深松处理的土壤有机质含量及变化基本相似。

九、深松对土壤碱解氮的影响

本试验是在山东省青岛市平度市田庄镇的农业试验小区进行的,试验小区的土壤类型为砂姜黑土。采用小麦—玉米轮作种植模式,收获后秸秆进行还田处理。

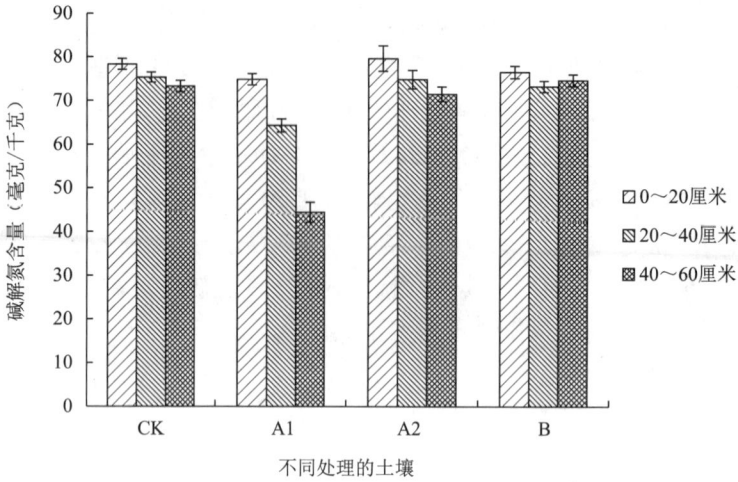

图 2-36 3 月 21 日不同处理土壤碱解氮含量

由图 2-36 可以发现，土壤碱解氮含量最高为 79.62 毫克／千克，是 A2 处理的 0～20 厘米土层，碱解氮含量最低为 44.41 毫克／千克，是 A1 处理的 40～60 厘米土层，相差 35.21 毫克／千克。通过比较 CK、A1、A2、B 发现，A2、B 与 CK 处理的碱解氮含量变化相似，随深度变化不大，A1 处理的土壤碱解氮含量随土壤深度的增加而逐渐减少，并且 A1 较 CK、A2、B 土壤碱解氮含量的变化比较大，A1 处理的土壤 0～20 厘米土层到 40～60 厘米土层碱解氮含量降低了 30.42 毫克／千克。另外，CK、A1、A2、B 处理的 0～20 厘米深度的碱解氮含量基本相同。

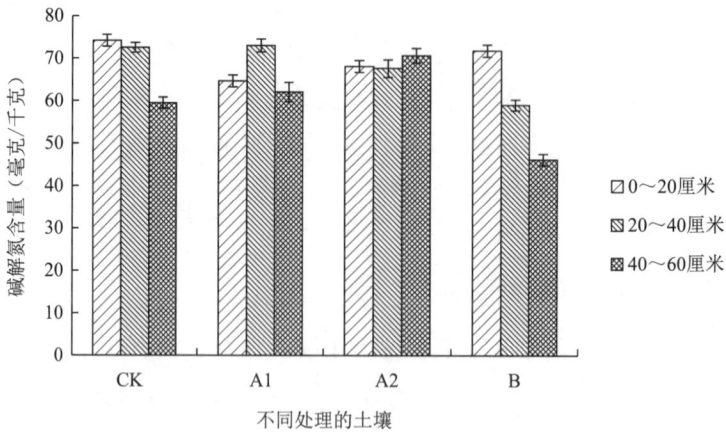

图 2-37 4 月 11 日不同处理土壤碱解氮含量

由图 2-37 可以发现,土壤碱解氮含量最高为 74.21 毫克／千克,是 CK 处理的 0～20 厘米土层的土壤,碱解氮含量最低为 46.13 毫克／千克,是 B 处理的 40～60 厘米土层,相差 28.08 毫克／千克。通过比较 CK、A1、A2、B 发现,未深松处理的 CK 和 B 土壤碱解氮含量随土壤深度的增加而逐渐减低,A1 处理的 20～40 厘米土层土壤碱解氮含量增加,0～20 厘米和 40～60 厘米土壤土层土壤碱解氮含量相似,A2 处理的土壤碱解氮在不同深度土壤中含量相似,无明显波动。

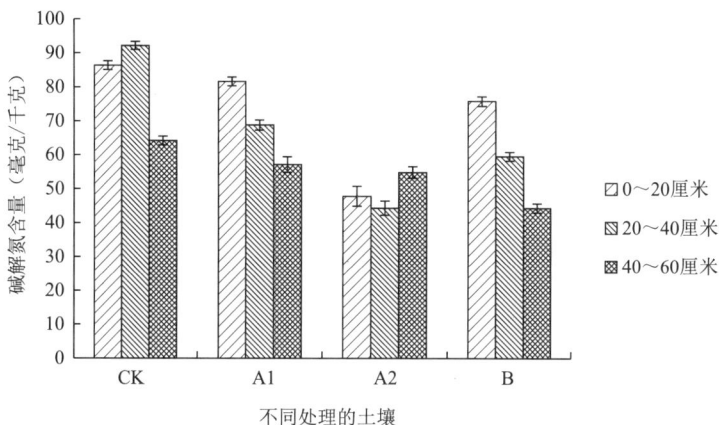

图 2-38　5 月 22 日不同处理土壤碱解氮含量

图 2-38 中碱解氮含量最高为 92.17 毫克／千克,是 CK 处理的 20～40 厘米的土壤,碱解氮含量最低为 44.33 毫克／千克,是 A2 处理的 20～40 厘米的土壤,相差 47.84 毫克／千克。与田庄试验之前的土壤有机质含量相比,土壤碱解氮含量变化较大。另外,碱解氮波动性较大,稳定性较差,这可能与碱的浓度、反应时间和温度有关。

十、深松对土壤速效磷的影响

本试验是在山东省青岛市平度市田庄镇的农业试验小区进行的,试验小区的土壤类型为砂姜黑土。采用小麦—玉米轮作种植模式,收获后秸秆进行还田处理。

土壤速效磷含量并不是固定的,影响土壤速效磷含量的因素有很多,比如土壤中水分、植物吸收、土壤固定、施肥量等,并且它在土壤的不同阶段存在差异性。比如对土壤使用肥料农药时,土壤中速效磷含量是最高的;在农作物成熟后进行收割时,土壤中速效磷含量是最低的。

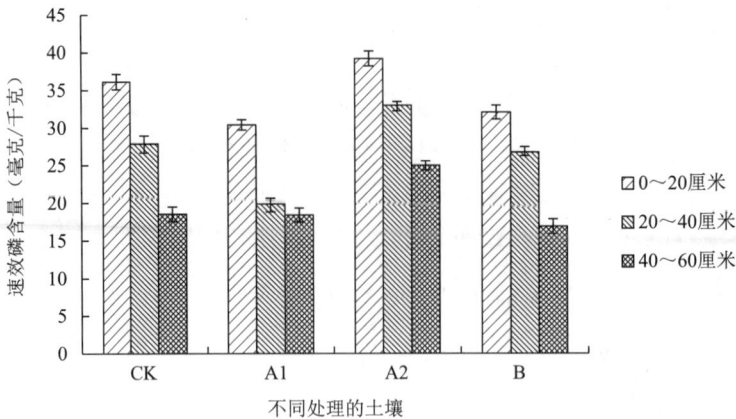

图 2-39　3 月 21 日不同处理土壤速效磷含量

由图 2-39 可以看出,速效磷的含量随土壤深度的增加而逐渐降低,含量最高的是 A2 处理的 0～20 厘米土样,为 39.94 毫克/千克;含量最低的是 B 处理的 40～60 厘米土样,为 17.14 毫克/千克,相差 22.80 毫克/千克。通过 CK 与 A1、A2、B 处理比较发现,在不同深度土层的土壤,土壤速效磷含量及其变化 B 处理与 CK 相似,A1 处理的土样速效磷含量总体较低,A2 处理的土样速效磷含量总体较高,通过比较 CK、A1、A2、B 可以看出,双翼深松 35 厘米时对于土壤速效磷含量的影响效果最明显。

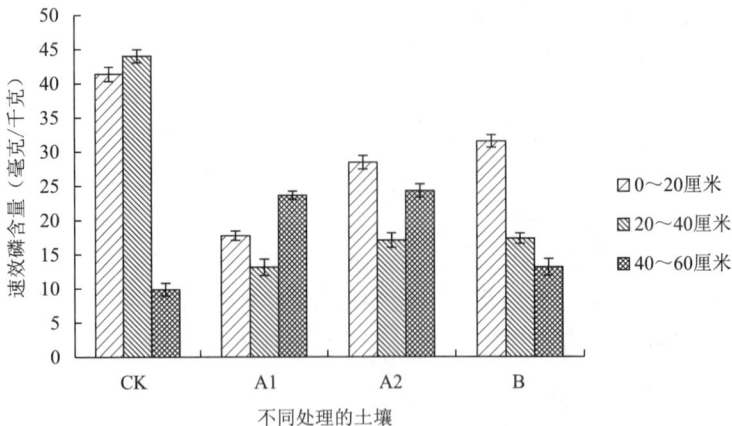

图 2-40　4 月 11 日不同处理土壤速效磷含量

由图 2-40 可以看出,含量最高的是 CK 处理的 20～40 厘米土样,为 44.34 毫克/千克,含量最低的是 CK 处理的 40～60 厘米土样,为 10.42 毫克/千克,相差 33.92 毫克/千克,CK 处理的土壤速效磷含量变化幅度比较大。深松处理的土壤,20～40 厘米的土层速效磷的含量较 0～20 厘米和 40～60 厘米的土层含量较低。

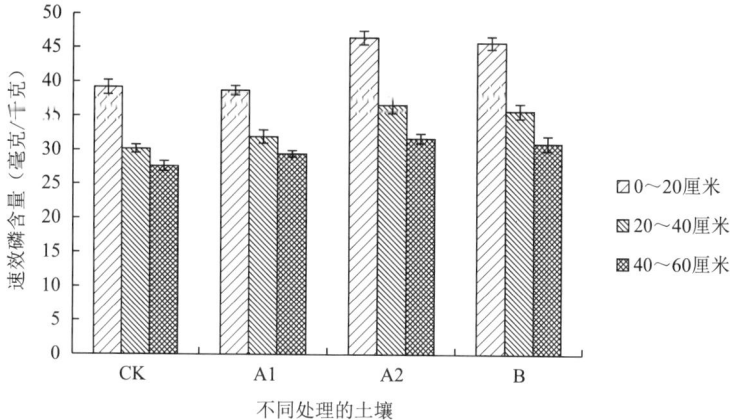

图 2-41　5 月 22 日不同处理土壤速效磷含量

由图 2-41 中看出,速效磷的含量随土壤深度的增加而逐渐降低,通过 CK 与 A1、A2、B 处理比较发现,A2 和 B 的含量及其变化基本相同,CK 和 A1 的含量及其变化基本相同,说明相同深度的处理速效磷含量基本相同。另外,综合分析,未深松处理的 CK 和 B,土壤速效磷含量随时间逐渐增加,深松处理的 A1 和 A2,土壤速效磷含量随时间变化先降低再升高,其中,双翼深松 35 厘米时对于土壤速效磷含量的影响效果最明显。

十一、深松对土壤速效钾的影响

本试验是在山东省青岛市平度市田庄镇的农业试验小区进行的,试验小区的土壤类型为砂姜黑土。采用小麦—玉米轮作种植模式,收获后秸秆进行还田处理。

土壤中的钾主要以缓效钾、速效钾和矿物态钾三种形态存在。土壤中速效钾能较快被作物吸收并利用,掌握土壤中速效钾的供应状况,对于作物营养诊断和测土配方施肥有着直接的指导意义。

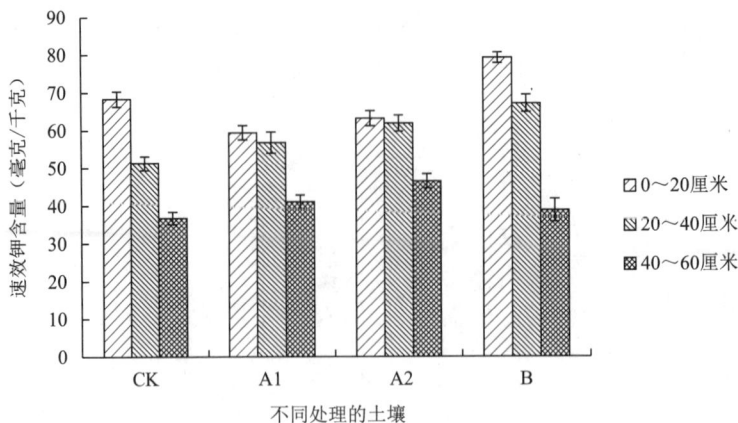

图 2-42　3 月 21 日不同处理土壤速效钾含量

　　由图 2-42 可以看出,速效钾的含量随土壤深度的增加而逐渐降低,速效钾含量最高是 B 处理的 0～20 厘米土样,为 79.12 毫克/千克,速效钾含量最低是 CK 处理的 20～40 厘米土样,为 37.72 毫克/千克,相差 41.40 毫克/千克。其中,进行深松处理的 A1 和 A2 速效钾含量变化基本相似, 0～20 厘米土样到 20～40 厘米土样速效钾含量变化较小, 20～40 厘米土样到 40～60 厘米土样速效钾含量变化较大。另外,进行深松处理的 A1 和 A2 在不同深度之间变化与未进行深松处理的 CK 和 B 相比,变化较为平缓。

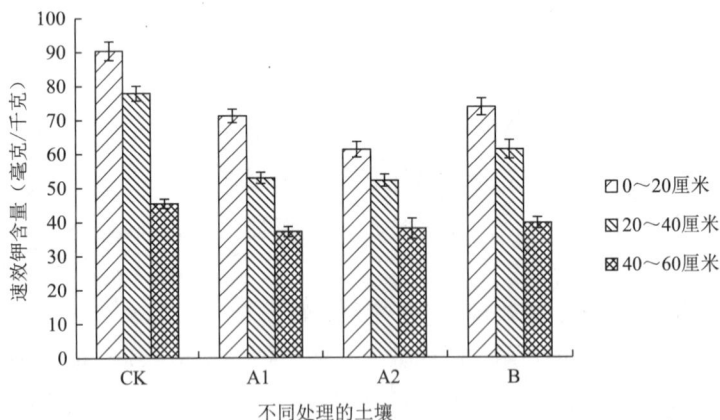

图 2-43　4 月 11 日不同处理土壤速效钾含量

　　由图 2-43 可以看出,速效钾的含量随土壤深度的增加而逐渐降低,速效钾含量最高是 CK 处理的 0～20 厘米土样,为 90.36 毫克/千克,速效钾含量最低是 A1 处理的 40～60 厘米土样,为 37.14 毫克/千克,相差 53.22 毫克/千克。其中,A1、A2、B 与对照 CK 相比,速效钾含量总体较低,进行深松处理的 A1 和 A2 与未进行深松处理的 B 相比,速效钾含量总体较低。

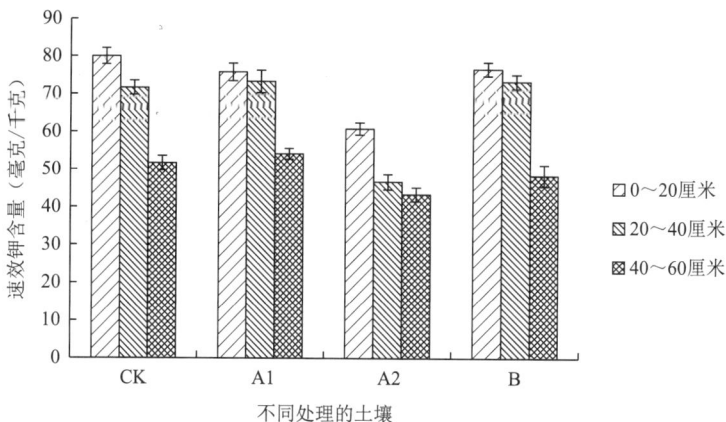

图 2-44　5 月 22 日不同处理土壤速效钾含量

由图 2-44 可以看出,速效钾的含量随土壤深度的增加而逐渐降低,速效钾含量最高是 CK 处理的 0～20 厘米土样,为 80.36 毫克/千克,速效钾含量最低是 A2 处理的 40～60 厘米土样,为 43.14 毫克/千克,相差 37.22 毫克/千克,A1、A2、B 与对照 CK 相比,A1 和 B 处理的速效钾含量与 CK 差别不大,A2 处理的土壤速效钾含量总体偏低。深松处理的 A1、A2 与浅翻处理的 B 相比较,A1 与 B 的速效钾含量基本相似,A2 处理的速效钾含量比 B 处理的含量偏低。

通过对比可以看出,浅翻处理的土壤速效钾含量要高于深松处理的土壤。

十二、深松对土壤含水量的影响

本试验是在山东省青岛市平度市田庄镇的农业试验小区进行的,试验小区的土壤类型为砂姜黑土。采用小麦—玉米轮作种植模式,收获后秸秆进行还田处理。

土壤水分是影响作物生长发育的土壤物理条件之一,其数量的多少及分布情况可影响土壤性状而间接作用于作物的生长发育过程。

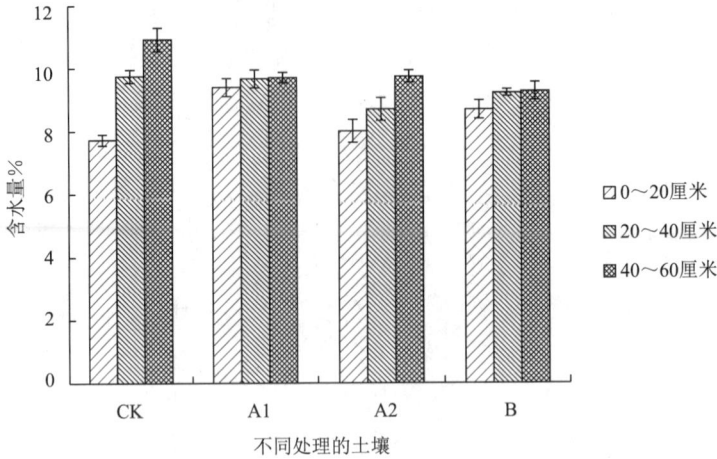

图 2-45　3 月 21 日不同处理土壤含水量

由图 2-45 可以看出,土壤含水量随土壤深度的增加而逐渐增加,含水量最高的是 CK 处理的 40~60 厘米土层的土壤,为 10.91%,含水量最低的是 CK 处理的 0~20 厘米土层的土壤,为 7.73%,相差 3.18%。说明浅翻 20 厘米的土壤对含水量的影响比较大。A1、A2、B 与对照 CK 相比,A1、A2、B 处理的含水量随深度的变化较为平缓,其中,A1 处理和 B 处理的含水量变化比较相近。

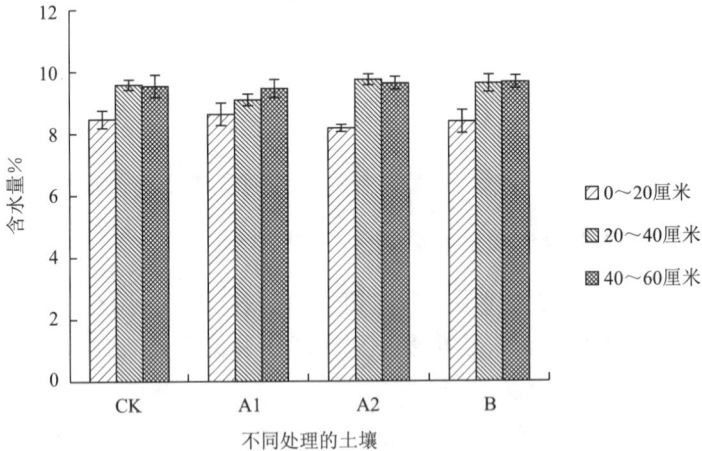

图 2-46　4 月 11 日不同处理土壤含水量

由图 2-46 可以看出,土壤含水量随土壤深度的增加而逐渐增加,不同处理之间,含水量随深度的变化基本相同,其中 A1 处理的土壤含水量的变化比较平缓,没有较大的波动。CK、A2、B 处理的土壤,0～20 厘米土层的土壤到 20～40 厘米土层的土壤含水量变化比较大,20～40 厘米土层的土壤和 40～60 厘米土层的土壤含水量基本相同。另外,A2 处理和 B 处理的土壤含水量相近,说明不同土层间含水量及含水量变化比较相近。

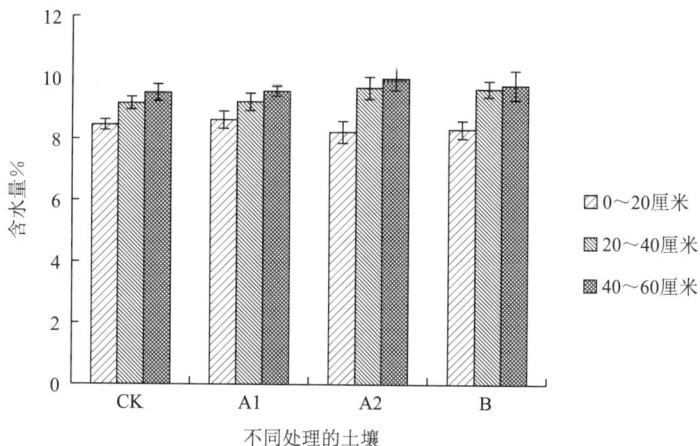

图 2-47　5 月 22 日不同处理土壤含水量

由图 2-47 可以看出,土壤含水量随土壤深度的增加而逐渐增加,A1、A2、B 与对照 CK 相比,A1 处理含水量及含水量变化与 CK 比较接近,A1、A2 与 B 处理相比较,A2 处理的含水量及含水量变化与 B 处理比较相近,说明对土壤作业相同深度条件下含水量及含水量变化基本相同。其中,A1 处理的含水量变化比较平缓,没有较大的波动。

综合分析图 2-45、图 2-46、图 2-47 发现,土壤含水量随土壤深度的增加而逐渐增加,A1 处理的含水量变化比较平缓,没有较大的波动。说明双翼深松 25 厘米对土壤含水量的影响比较小。

十三、深松对土壤根系的影响

本试验是在山东省青岛市平度市田庄镇的农业试验小区进行的,试验小区的土壤类型为砂姜黑土。采用小麦—玉米轮作种植模式,收获后秸秆进行还田处理。

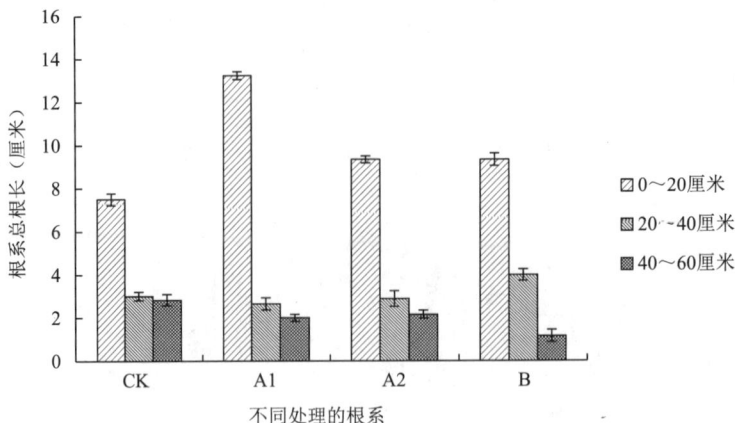

图 2-48　3 月 21 日不同处理土壤中根系总根长

由图 2-48 可以看出,根系总根长随土壤深度增加逐渐变短,总根长最长的是 A1 处理的 0～20 厘米土层土壤,长度为 13.22 厘米,总根长最短的是 B 处理的 40～60 厘米土层土壤,长度为 1.14 厘米,相差 12.08 厘米。通过比较不同深度土层土壤根系,可以发现深度在 0～20 厘米范围的根系总根长最长,A1、A2、B 与对照 CK 相比, 0～20 厘米土层土壤根系总根长总体比 CK 处理的长,在 20～60 厘米土层中,A1、A2 与 CK 处理的根系总根长基本相同,B 处理的根系总长度浮动比较大。另外, 0～20 厘米土层的土壤到 20～40 厘米土层的土壤根系总长度变化比较大, 20～40 厘米土层的土壤到 40～60 厘米土层的土壤根系总长度变比较平缓。

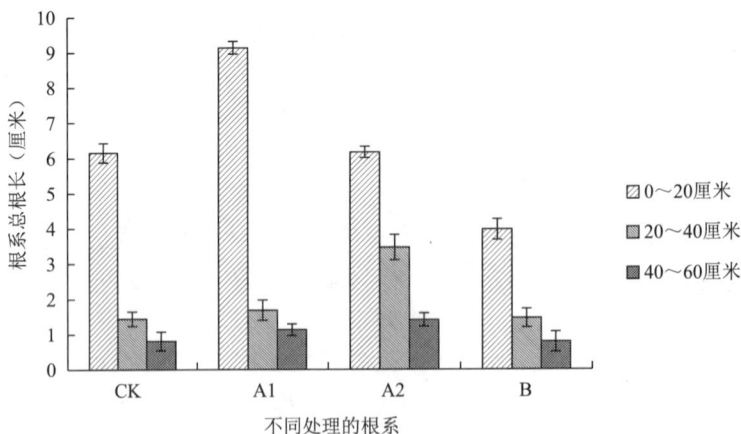

图 2-49　4 月 11 日不同处理土壤中根系总根长

由图 2-49 可以看出，根系总根长随土壤深度增加逐渐变短，总根长最长的为 A1 处理的 0～20 厘米土层土壤，长度为 9.14 厘米，总根长最短的为 B 处理的 40～60 厘米土层土壤，长度为 0.79 厘米，相差 8.35 厘米。通过比较不同深度土层土壤根系，可以发现深度在 0～20 厘米范围的根系总根长最长，A1、A2、B 与对照 CK 相比，0～20 厘米土层土壤根系总根长总体比 A1 处理的长，在 20～60 厘米土层中，A1、B 与 CK 处理的根系总根长基本相同，A2 处理的根系总长度浮动比较大。另外，0～20 厘米土层的土壤到 20～40 厘米土层的土壤根系总长度变化比较大，20～40 厘米土层的土壤到 40～60 厘米土层的土壤根系总长度变比较平缓。

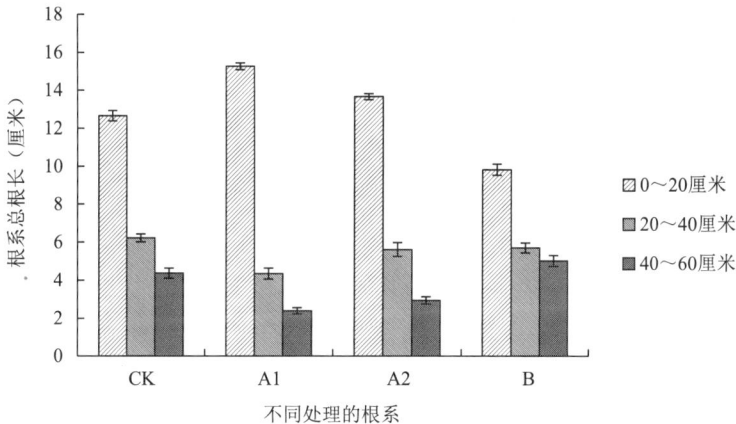

图 2-50　5 月 22 日不同处理土壤中根系总根长

由图 2-50 可以看出，根系总根长随土壤深度增加逐渐变短，总根长最长的是 A1 处理的 0～20 厘米土层土壤，长度为 15.26 厘米，总根长最短的是 A1 处理的 40～60 厘米土层土壤，长度为 2.39 厘米，相差 12.87 厘米。通过比较不同深度土层土壤根系，可以发现深度在 0～20 厘米范围的根系总根长 A1 处理最长，A1、A2、B 与对照 CK 相比，A1、A2 处理在 0～20 厘米土层土壤根系总根长总体比 CK 处理的长，在 20～40 厘米土层中，A2、B 与 CK 处理的根系总根长基本相同，A1 处理的根系总长度略低。

通过比较不同深度土层土壤根系，可以发现深度在 0～20 厘米范围的根系总根长最长，0～20 厘米土层的土壤到 20～40 厘米土层的土壤根系总长度变化比 20～40 厘米土层的土壤到 40～60 厘米土层的土壤根系总长度变化幅度大。

十四、深松对小麦产量性状的影响

本试验是在山东省青岛市平度市田庄镇的农业试验小区进行的,试验小区的土壤类型为砂姜黑土。采用小麦—玉米轮作种植模式,收获后秸秆进行还田处理。

根据试验显示,在四种不同的耕作处理模式下,将深松与深翻三种处理分别与 CK 处理进行比较发现:小麦的理论产量三因子中,深松 25 厘米的处理模式下亩穗数的测定值最大为 59.88 万穗/亩,大小排布深翻处理次之,深松 35 厘米处理最末。而小麦的穗粒数:深翻 35 厘米 > CK > 深松 35 厘米 > 深松 25 厘米。从千粒重来看,深松 25 厘米处理模式下的测定值最大,最大值为 39.03 克,深翻 35 厘米处理下值最小为 35.77 克。而分别对三种指标的不同耕作处理模式的测定值差异性进行比较,结果均显示为差异性较小。

而针对不同耕作处理方式下的亩产量而言,则表现出深松 25 厘米的处理模式下亩产量最高,最高产量为 745.99 千克/亩。与 CK 处理相比,除深松 35 厘米耕作处理下的测定值是偏低的,其他深松和深翻处理的测定值均高于 CK 处理,且深松 25 厘米差异最为明显。对于深松 35 厘米处理模式下的产量偏低且低于传统耕作模式下的测定值,分析原因可能与本次试验小区的土壤类型有关。试验小区的土壤为砂姜黑土,而砂姜黑土的土壤性质不适宜进行高强度的深松和深翻处理,否则会导致土壤养分的大部分流失,深松、深翻的效果就会适得其反。因此,深松 35 厘米耕作处理下小麦产量低的现象可能是由深松强度大而引起的土壤养分部分流失造成的。

表 2-3　不同耕作处理对冬小麦理论产量三因子及其产量的影响作用

处　理	理论产量三因子			亩产量 (千克/亩)
	亩穗数(万穗/亩)	穗粒数(个)	千粒重(克)	
CK	45.50±11.12a	33.64±0.86a	37.93±3.06a	574.42±99.03ab
双翼深松 25 厘米	59.88±8.91a	31.79±1.24a	39.03±1.19a	745.99±100.67a
双翼深松 35 厘米	43.16±6.61a	33.28±6.41a	37.03±2.83a	520.87±28.59b
深翻 35 厘米	46.62±6.87a	37.70±6.84a	35.77±8.22a	615.03±99.17ab

第三章

机械化保护性耕作技术

第一节　机械化保护性耕作的起源与发展

一、国外机械化保护性耕作的起源与发展

20世纪30年代,美国的沙尘暴猖獗。沙尘暴为什么出现在美国,是不是因为它最干旱?不是,就是因为它首先开始大规模机械化耕作,从19世纪末到20世纪四五十年代,它开展了四五十年机械化耕作,人为地将植被破坏了,土壤没有保护,沙尘暴就开始肆虐了。1942年,美国吸取"黑风暴"的教训,成立了国家土壤保护局,免耕法试验研究开始。1977年,经过30多年的努力,免耕法取得美国政府一等奖,正式确立了免耕法在国家农业发展中的地位。1995年,免耕法更名为保护性耕作。

西方国家从20世纪70年代开始,逐步试用保护性耕作法。美国、澳大利亚、加拿大等国在这方面取得了不错的成效。美国在玉米茬地上免耕播种小麦,它是去年种玉米,今年种小麦,跟我们国家有所不同。美国的玉米秸秆覆盖量一点不比我们少,产量却比我们高,可以说,主要就是采取保护性耕作的缘故。

保护性耕作是人们遭遇严重水土流失和风沙危害的惨痛教训之后,逐渐研究和发展起来的一种新型土壤耕作模式。从国际上来看,根据其发展的历史阶段,概念和内容有所不同,所涉及的范围也在不断扩大。国际上保护性耕作技术是20世纪30年代美国等国家遭受严重水土流失和风沙危害的惨痛历史教训之后逐渐发展起来的,大体经历了三个阶段。

第一阶段:20世纪30年代开始,主要是针对传统机械化翻耕措施在水蚀和风蚀方面存在的弊端,对土壤耕作机具和耕作方法进行改良,提出少耕、免耕、深松等保护性耕作法。

20世纪初,随着加利福尼亚发现了黄金,美国拉开了西部大开发的序幕,大量的荒原、草地被开垦成良田。

尤其是随着拖拉机的问世,机械化翻耕土地,加快了土地的开发,加大了对土地的耕作频次和强度,美国农业也获得了不错的好收成。

图 3-1　犁耕作业

由于植被的破坏,人类对土地的掠夺性开发,导致了一场震惊世界的灾难的发生。从1931年开始持续的干旱、疏松的地表及以狂风的袭击,"黑风暴"横扫了美国大平原,厚达5～30厘米的表土被吹走,30多万公顷的农田被毁。1935年第二次"黑风暴"横扫美国2/3的土地,3亿多吨的表土被卷进大西洋,300多万公顷的土地被毁,当年全美冬小麦减产510万吨,南部各州1/4人口迁移。

美国西部平原由于长期形成的草地被大面积翻耕,裸露的表层土壤被大风扬起,20世纪30年(1935年5月)代最终形成了巨型沙尘暴——"黑色风暴"灾害。

"黑风暴"的灾难惊醒了人们,经过多年的磨难和反思,美国人终于明白是自己错误的耕作方式招来了严重的后果,并由此推动了各种保土保水的耕作方法的研究。

图 3-2　美国"黑风暴"

基于对"黑风暴"事件引发的土壤污染、危害农业生产的担忧,1935年美国农业部下设了土壤保持局。组织土壤、农学、农机等领域的专家,开始研究改良传统翻耕耕作方法,研制深松铲、凿式犁(深松和浅耕两种)等不翻土的机具,推广少耕、免耕和作物覆盖等保护性耕作技术。

第二阶段是 20 世纪 50 年代以后,机械化免耕技术与保护性植被覆盖技术同步发展。

在免耕技术大面积应用的过程中,许多研究证实了机械化保护性耕作技术对减少土壤侵蚀方面的显著效果,但也出现了杂草控制与秸秆造成地温低等造成作物减产问题,使得该技术推广缓慢。到 20 世纪 70 年代,又加入了不同作物轮作与作物秸秆还田覆盖的内容,称之为保护性种植。

1943 年爱德华在其《犁耕者的愚蠢(Plowman's Folly)》一书中尖锐地指出了传统翻耕的问题和实现免耕作业的必要性。

通过农民、专家的共同努力,一种新的耕作方法——免耕法诞生了。

1951 年,美国巴若恩斯等发表了免耕技术实施成功的报道"The Successful of no-tillage techniques"。

随着化学除草剂阿特拉津、百草枯的发明及免耕播种机的开发成功,1961 年美国肯塔基州亨瑞和劳伦斯创造了世界上跟第一个机械化免耕农场。

1966 年美国阿里斯·查尔默斯农机公司批量生产力了缺口圆盘耙式免耕播种机。

1973 年费力普和杨出版了《免耕农业(No-Tillage Farming)》,是继《犁耕者的愚蠢》后,又一部里程碑式的著作,为广大农户和科技人员采用免耕技术提供了重要参考。

第三阶段是 20 世纪 80 年代以来,随着耕作机械的改进、除草剂的商业化生产以及种植结构的调整,保护性耕作推广应用步伐加快。

目前美国已有 60％的耕地实行了各类型的保护性耕作,其中采用作物残茬覆盖耕作方式的占 53％,采用免耕方式的占 44％。主要应用于大豆、玉米、高粱、小麦、花生、马铃薯、甜菜、烟草、蔬菜等作物。

目前美国以大平原、凯斯装备为基础,实施了垂直耕作技术。垂直耕作系统作为一系列耕作指导原则,旨在通过垂直深松、秸秆还田以及土壤表面垂直耕作方式提高土壤吸纳和存储水分的能力,增加土壤有机质含量,促进作物根系发育和营养元素的吸收,最终实现种植收益最大化。垂直耕作系统有别于其他传统耕作模式的最大特点就是所有设备垂直于土壤水平方向运动,其目的是打破犁底层(板结层),防止新的犁底层(板结层)的产生。利用垂直耕作模式创造均匀的土壤密度,修复被破坏的土壤结构,通过秸秆还田切碎秸秆平整苗床,为作物生长创造理想的土壤条件,实现作物健康栽培,促进农业可持续发展。

图 3-3　大平原独有的复式整地施肥播种机 Centuriondrill 3

图 3-4　大大平原气力式免耕点播机 Yield-Pro

美国大平原垂直耕整保护性耕作技术,已在北美洲和乌克兰黑土区保护培育黑土地中得到推广应用,并取得明显成效。目前垂直耕作技术已在我国黑土地保护方面开始推广应用。一共有 4 个作业环节。第一个环节是秋季玉米收获后使用德国牧田灭茬机秸秆直接粉碎还田覆盖地表,秸秆粉碎长度 5～10厘米,覆盖均匀,无明显集堆现象,将秸秆粉碎到 5 厘米及以下的秸秆数量占秸秆总量的 70% 以上。第二个环节是使用大平原 GP SS 型深松机深松,深松深度 35 厘米以上,最深可以达到 60 厘米,打破犁底层。第三个环节是春季采用垂直涡轮圆盘耙(GP TM)耙地两遍。第一遍耙深 8～10 厘米,目的是提温散墒,要求切碎秸秆与土壤有效混拌;第二遍耙深 5 厘米,要求整平耙碎、无沟无垡、松暄适度,全部达待播状态。耙地要求不漏耙,不重耙。第四个环节是,第二年春季采用大平原免耕播种机(GP YP)平作播种,免中耕作业。

图 3-5　垂直耕作机械

从美国机械化保护性耕作的经验与实践来看：① 保护性耕作与灌溉相结合，可以创高产；② 采用耐密品种，实行密植是创高产的共性基础条件；③ 重视机械播种质量，确保整齐出苗，要及时检修或者更新播种机，保证机具的性能质量，同时播种速度一定要慢下来，确保出苗一致；④ 施用种肥，保证植株早期的旺盛生长，还有的农场主说要在播种时适当施用种肥，让植株尽可能健康；⑤ 保持土壤健康，要限制机器进地次数，防止造成土壤压实；⑥ 调整收割机，减少收获损失，从而得到额外的收获。

此外，20 世纪 60 年代开始，苏联、澳大利亚、加拿大、巴西、阿根廷、墨西哥等国家纷纷学习美国保护性耕作技术，在半干旱地区推广应用。

其中澳大利亚从 80 年代开始大规模示范推广覆盖耕作（深松、表土耕作、机械除草）、少耕（深松、表土耕作、化学除草）、免耕（免耕、化学除草）等保护性耕作技术模式，全面取消了铧式犁翻耕作业，目前澳大利亚北部 90%～95% 的农田、澳大利亚南部 80% 的农田、澳大利亚西部 60%～65% 的农田实行了保护性耕作，并创造了固定道保护性耕作的模式，将保耕与精准农业的应用结合起来。

澳大利亚采用固定道保护性耕作，其保护性耕作发展的经验是：① 20 世纪 70 年代开始试验研究，重点在配套机械和草虫病害防治；② 截至 2000 年，保护性耕作面积达到 70%；③ 20 年间，澳大利亚谷物单产增长一倍，保护性耕作的作用占 40%，73% 的农民从改变耕作中受益；④ 最近 1 次沙尘暴出现在 1992 年，10 多年来没有再出现。

加拿大从 60 年代开始引进保护性耕作技术，集中研究免耕播种机和除草剂，80 年代开始大规模推广。目前已有 80% 的农田采用高留茬、少免耕等保护性耕作的技术模式。

以巴西、阿根廷、智利、巴拉圭为代表的南美洲国家，属于保护性耕作起步晚、但发展很快的地区，已成为世界上采用保护性耕作比例最高，面积仅次于北美洲的第二大保护性耕作区。保护性耕作的应用面积已超过 70%，主要是为了降低生产成本，增加农民收入。

干旱、水蚀、风蚀是农业的主要危害，产量低且不稳，年间差异大。20 世纪 50 年代，苏联试验了马尔采夫无壁犁耕法，效果不理想，杂草太多。20 世纪 50 年代苏联在哈萨克、西伯利亚开荒约 0.4 亿公顷，因采用有壁犁耕翻，然后用圆盘耙或钉齿耙整地，因耕法不当，造成了严重的尘暴，引起了人们对传统耕翻的怀疑。随后，全苏谷物研究所和阿尔泰耕作育种研究所结合马尔采夫耕作法与加拿大抗旱留茬耕作法，并配合施用除草剂，土壤结构基本不破坏，配合施用除草剂,形成了一套适合旱地蓄水保墒保土的耕作法,在旱农地区进行了广泛推广,产生了重大效果,获得了列宁奖金。采用无壁犁(35~40厘米)或浅松(12~18厘米)代替了传统有壁犁翻耕,麦类留茬20厘米,用差地播种机直接播种。

在苏联欧洲旱农地区无壁犁还存在争议。多数学者认为应该强调有壁犁和无壁犁的耕作法相结合。

生产应用的无壁犁:① 从加拿大引进并略加改进的翼状水平松土铲;② 西伯利亚无壁犁:犁柱在犁铧中间;③ 凿型犁:用于间隔深松;④ 英式柱状犁。

欧洲保护性耕作应用面积达到了14%以上,主要是减少土壤水蚀,降低生产成本。近年来,又提出了保护性农业(CA)的概念,主要以永久性土壤覆盖(绿色覆盖)、作物轮作(特别是旱田轮作)和减少对土壤的人为干扰,在减少投入的基础上,保持和增加作物产量,增加农民经济收入,其范围包括农田、草地等。FAO与欧洲农业保护性联合会于2001年10月初,在西班牙召开了第一届世界保护性农业大会,力图全面推进保护性农业的发展。

保护性农业遵循以下三个原则。

(1)最小的动土量

最小的动土量即免耕和直接播种,挠动区域宽度小于15厘米或小于收割面积的25%。不应有定期耕作,干扰超过上述限制的面积。如果干扰区域小于规定限制,允许带状耕作。

(2)永久土壤秸秆覆盖

永久土壤秸秆覆盖分为3类:30%~60%、60%~90%、大于90%地面覆盖,在直接播种作业后立即测量。覆盖范围小于30%的区域不被视为CA。

(3)作物品种多样化

轮作/套作应至少涉及3种不同的作物。然而,不排除重复种植小麦、玉米或水稻,但在实践时记录轮作/套作的情况。

从当前国际上保护性耕作发展状况来看,耕作的发展呈现以下变化趋势。

以研制少免耕机具为主向农艺、农机结合并突出农艺措施的方向发展。传统保护性耕作技术重点开发深松、浅松、秸秆粉碎、免耕播种等农机具。目前保护性耕作技术在发展农机具的基础上,重点开展裸露农田覆盖技术、施肥技术、茬口与轮作、品种选择与组合等机艺融合的技术。

保护性耕作技术由生态脆弱区向广大的农区发展。保护性耕作技术起源于草原区,初期主要是少耕、免耕技术,减少对土层的干扰。目前已推广到广大农田,包括对农田少耕、免耕,减少裸露、风蚀、水蚀,保持土壤肥力,增加土壤蓄水量。

保护性耕作技术逐步先更规范化、标准化方向发展。

由单纯的土壤耕作技术向综合性可持续方向发展。由少免耕技术发展成为保护农田土壤、增加土壤有机质含量、降耗、减少土壤污染、抑制土壤盐渍化、受损农田生态系统的恢复等领域的保护性技术的研究。

二、国内机械化保护性耕作的起源与发展

我国旱作农业历史可追溯到 5 000 年前。传统的沙田法、沟垄种植、修梯田、挑水下种等抗旱耕作方法都起到了很好的作用。近几十年来。各地涌现了机械化深松耕作法、沟播法、覆膜播种、作水种、耙茬播种、铁茬直播、覆盖减耕和保护性耕作法等一批抗旱耕作法。深松耕、铁茬直播等也有相当的应用面积，但由于技术特别是机具装备不够完善，应用面积有限，总体说翻耕（旋耕）还是旱作农业的主要模式。

我国保护性耕作的研究始于 20 世纪 60 年代，黑龙江国有农场开始进行免耕种植小麦的试验示范。

60 年代末至 70 年代初，江苏省太湖农场、徐州开展稻茬地上免耕播种小麦的研究。

80 年代开始，旱地农业耕作体系的研究，有向覆盖和减少耕作发展的趋势。

原北京农业大学"残茬覆盖减耕法"，陕西省农科院"旱地小麦高留茬少耕全程覆盖技术"，山西省农科院"旱地玉米免耕整秆半覆盖技术"，河北省农科院"一年两熟地区少免耕栽培技术"，淄博农机研究所"深松覆盖沟播技术"，这些试验研究，以抗旱增产为目标，从不同的方面推动了我国保护性耕作的前期进展。这些研究多数还没有可持续的发展目标，关键的免耕施肥播种机没有解决，以人畜力作业为主，劳动强度大，大面积推广有困难。

20 世纪 90 年代开始了系统性的研究。中国农业大学以抗旱增收和减少水土流失、实现可持续发展为目标，进行了农艺、农机结合的保护性耕作系统的试验研究。

中国农业大学多年来在中国—澳大利亚国际合作项目、农业部专项、国家科技攻关项目、其他省部级项目的支持下，与山西省农机局、澳大利亚昆士兰大学、中国农业科学院、河北省农机局、辽宁省农机化技术推广站等合作先后建立了 11 个保护性耕作试验区。

1991 年，中国农业大学和山西省农机局等单位合作在黄土高原开始保护

103

性耕作技术研究,先后在山西的临汾、寿阳,河北的张北建立了一批试验区、测试区,研发配套机具。后来农机农艺多个部门合作,先后研发了黄淮海两熟区、农牧交错区、东北垄作区保护性耕作技术与装备。

图 3-6　小麦免耕播种机

我国保护性耕作技术研发人员,自 1991 年开始研究黄土高原一熟区保护性耕作模式,当时研发的设备主要是被动防堵技术的免耕播种机,多年的实践证明我国可以在小地块、小动力、低成本的条件下,实现机械化保护性耕作。

随着现代农业技术的进步,保护性耕作的研究和示范工作发展速度加快。在西北旱区,以免少耕播种和地表覆盖为主题的保护性耕作技术。在华北罐区两熟区,小麦秸秆还田及夏玉米免耕覆盖耕作技术。东北一熟旱区,玉米垄作少耕及留茬覆盖耕作技术。覆盖秸秆"条带归行"、秋季"条带浅旋"的技术方法,有效解决了春季播种出苗慢、地温低、播种质量受影响的问题。

公益型行业(农业)科研专项"作物秸秆还田技术"实施情况提出了保护性耕作今后的研究方向:一是从耕作制度、土壤保护层面,坚持保护性耕作研究,但不局限于保护性耕作;二是从秸秆综合利用角度,研究秸秆还田,但不局限于秸秆还田;三是机具研发向智能化方向发展;四是农艺、农机合作向深度融合发展。

近几年,东北黑土地保护升格为国家战略。东北纬度较高,气候较为寒冷。黑土地是寒冷气候条件下,地表植被死亡后经过长时间腐蚀形成腐殖质后演化而成的,以其有机质含量高、土壤肥沃、土质疏松、最适宜耕作而闻名于世,素有"谷物仓库"之称。

东北的黑土地是在温带半湿润气候区、冷气候条件下,地表植被死亡后经过长时间腐殖形成腐殖质后累积演化而成,其有机质含量高、土壤肥沃,因为形成 1 厘米厚的黑土层需要 400 年的积累,所以土层中腐殖质和有机质含量极为丰富。"随意插柳树成荫,手抓一把攥出'油'"的说法丝毫不夸张。

　　黑土是地球上最珍贵的土壤资源,地球上一共有四块黑土地,其中一块就在我国东北地区。我国东北黑土区总面积约 103 万平方千米,其中典型黑土区面积约 17 万平方千米。这里是我国主要的商品粮基地,每年生产 225～250 亿千克的商品粮。

　　以弯月状分布于黑龙江、吉林两省的黑土地是中国最肥沃的土地。总面积为一千万公顷,目前已开垦出耕地七百多万公顷,其粮食产量已占两省的 60%以上,是中国最大的商品粮生产基地。因黑土层厚度为 30～100 厘米,人们总用"一两土二两油"来形容它的肥沃与珍贵。

　　黑土地是地球上珍贵的土壤资源,是指拥有黑色或暗黑色腐殖质表土层的土地,是一种性状好、肥力高、适宜农耕的优质土地。东北平原是世界三大黑土区之一,北起大兴安岭,南至辽宁省南部,西到内蒙古东部的大兴安岭山地边缘,东达乌苏里江和图们江,行政区域涉及辽宁、吉林、黑龙江以及内蒙古东部的部分地区。根据第二次全国土地调查数据和县域耕地质量调查评价成果,东北典型黑土区耕地面积约 2.78 亿亩。其中,内蒙古自治区 0.25 亿亩,辽宁省0.28 亿亩,吉林省 0.69 亿亩,黑龙江省 1.56 亿亩。

　　近几年,东北黑土地利用出现了问题,东北黑土地数量在减少、质量在下降,影响粮食综合生产能力提升和农业可持续发展。一是虽然理论上东北黑土地有机质含量高达 5%～7%,是黄土地的数倍,但由于部分地区常年的不合理使用化肥、农药,过量索取造成了黑土中有机质大量减少,氮磷钾养分富集化,土壤盐渍化严重,由此引起的土壤板结让作物根系受损,难以正常吸收养分,苗弱、死苗、烂根、土传病害等现象频发。二是一味地追求经济效益,常年种植同一种作物,不注意轮作与修整,造成土壤养分失衡,重茬严重。

　　东北黑土区曾是生态系统良好的温带草原或温带森林景观,土壤类型主要有黑土、黑钙土、白浆土、草甸土、暗棕壤、棕壤等。原始黑土具有暗沃表层和腐殖质,土壤有机质含量高,团粒结构好,水肥气热协调。20 世纪 50 年代大规模开垦以来,东北黑土区逐渐由林草自然生态系统演变为人工农田生态系统,由于长期高强度利用,加之土壤侵蚀,导致有机质含量下降、理化性状与生态功能退化,严重影响东北地区农业持续发展。黑土地是东北粮食生产能力的基石,保护和提升黑土耕地质量,实施东北黑土区水土流失综合治理,是守住"谷物基本自给、口粮绝对安全"战略底线的重要保障,是"十三五"规划纲要明确提出的重要生态工程,对于保障国家粮食安全和加强生态修复具有十分重要的意义。

为保护东北黑土地,农业部、国家发改委、财政部、国土部、环保部、水利部6部委日前联合印发了《东北黑土地保护规划纲要(2017—2030年)》(以下简称《纲要》)。

《纲要》明确了保护目标。① 到2030年,集中连片、整体推进,实施黑土地保护面积2.5亿亩(内蒙古自治区0.21亿亩、辽宁省0.19亿亩、吉林省0.62亿亩、黑龙江省1.48亿亩),基本覆盖主要黑土区耕地。通过修复治理和配套设施建设,加快建成一批集中连片、土壤肥沃、生态良好、设施配套、产能稳定的商品粮基地。② 到2030年,东北黑土区耕地质量平均提高1个等级(别)以上;土壤有机质含量平均达到32克/千克以上、提高2克/千克以上(其中辽河平原平均达到20克/千克以上、提高3克/千克以上)。通过土壤改良、地力培肥和治理修复,有效遏制黑土地退化,持续提升黑土耕地质量,改善黑土区生态环境。

《纲要》提出了东北黑土地改造的技术模式。① 积造利用有机肥,控污增肥。通过增施有机肥、秸秆还田,增加土壤有机质含量,改善土壤理化性状,持续提升耕地基础地力。建设有机肥生产积造设施。在城郊肥源集中区,规模畜禽场(养殖小区)周边建设有机肥工厂,在畜禽养殖集中区建设有机肥生产车间,在农村秸秆丰富、畜禽分散养殖的地区建设小型有机肥堆沤池(场),因地制宜促进有机肥资源转化利用。推进秸秆还田,配置大马力机械、秸秆还田机械和免耕播种机,因地制宜开展秸秆粉碎深翻还田、秸秆覆盖免耕还田等。在秸秆丰富地区,建设秸秆气化集中供气(电)站,秸秆固化成型燃烧供热,实施灰渣还田,减少秸秆焚烧。② 控制土壤侵蚀,保土保肥。加强坡耕地与风蚀沙化土地综合防护与治理,控制水土和养分流失,遏制黑土地退化和肥力下降。对漫川漫岗与低山丘陵区耕地,改顺坡种植为机械起垄等高横向种植,或改长坡种植为短坡种植,等高修筑地埂并种植生物篱,根据地形布局修建机耕道。对侵蚀沟采取沟头防护、削坡、栽种护沟林等综合措施。对低洼易涝区耕地修建条田化排水、截水排涝设施,减轻积水对农作物播种和生长的不利影响。③ 耕作层深松耕,保水保肥。开展保护性耕作技术创新与集成示范,推广少免耕、秸秆覆盖、深松等技术,构建高标准耕作层,改善黑土地土壤理化性状,增强保水保肥能力。在平原地区土壤黏重、犁底层浅的旱地实施机械深松深耕,配置大型动力机械,配套使用深松机、深耕犁,通过深松和深翻,有效加深耕作层、打破犁底层。建设占用耕地,耕作层表土要剥离利用,将所占用耕地耕作层的土壤用于新开垦耕地、劣质地或者其他耕地的土壤改良。④ 科学施肥灌水,节水节肥。深入开展化肥使用量零增长行动,制定东北黑土区农作物科学施肥配方和科学灌溉制度。促进农企合作,发展社会化服务组织,建设小型智能化配肥站和大型配肥中心,推行精准施肥作业,推广配方肥、缓释肥料、水溶肥料、生物肥料等高效新型肥料,在玉米、水稻优势产区全面推进配方施肥到田。配置包括首部控制系统、田间管道系统和滴灌带的水肥设施,健全灌溉试验站网,推广水肥一体化和节水灌溉技术。⑤调整优化结构,养地补肥。在黑龙江和内蒙古北部冷凉区以及吉林和黑龙江东部山区,适度压缩籽粒玉米种植规模,推广玉米与大豆轮作和"粮改饲",发展青贮玉米、饲料油菜、苜蓿、黑麦草、燕麦等优质饲草料。在适宜地区推广大豆接种根瘤菌技术,实现种地与养地相统一。推进种养结合,发展种养配套的混合农场,推进畜禽粪便集中收集和无害化处理。积极支持发展奶牛、肉牛、肉羊等草食畜牧业,实行秸秆"过腹还田"。

2019年7月11日中国农业大学成立国家保护性耕作研究院,在中国农业进入新时期、新阶段,中国的粮食安全面临着新问题、新挑战的时候,通过保护性耕作的研究,促进学科交叉融合、原创性技术创新,来确保我国耕地的可持续利用,为实现国家的粮食安全提供农大智慧,也为世界的粮食安全贡献中国方案。

2020年3月18日农业农村部、财政部关于印发《东北黑土地保护性耕作行动计划(2020—2025年)》的通知。

通知提出了行动目标。将东北地区(辽宁省、吉林省、黑龙江省和内蒙古自治区的赤峰市、通辽市、兴安盟、呼伦贝尔市)玉米生产作为保护性耕作推广应用的重点,兼顾大豆、小麦等作物生产。力争到2025年,保护性耕作实施面积达到1.4亿亩,占东北地区适宜区域耕地总面积的70%左右,形成较为完善的保护性耕作政策支持体系、技术装备体系和推广应用体系。经过持续努力,保护性耕作成为东北地区适宜区域农业主流耕作技术,耕地质量和农业综合生产能力稳定提升,生态、经济和社会效益明显增强。

通知制定了技术路线。重点推广秸秆覆盖还田免耕和秸秆覆盖还田少耕两种保护性耕作技术类型。各地可结合本地区土壤、水分、积温、经营规模等实际情况,充分尊重农民意愿,创新完善和推广适宜本地区的具体技术模式,不搞"一刀切"。在具体应用中,应尽量增加秸秆覆盖还田比例,增强土壤蓄水保墒能力,提高土壤有机质含量,培肥地力;采取免耕少耕,减少土壤扰动,减轻风蚀水蚀,防止土壤退化;采用高性能免耕播种机械,确保播种质量。根据土壤情况,可进行必要的深松。

通知制定系列措施,推进黑土地保护性耕作。

1. 强化技术支撑

（1）组建专家指导组

农业农村部组织成立由农机、栽培、土肥、植保等多学科专家组成的东北黑土地保护性耕作专家指导组，为实施行动计划提供决策服务和技术支撑。东北四省(区)农业农村部门分别成立省级专家组，研究制定主推技术模式和技术标准，开展技术培训与交流，指导基地建设。

（2）布局长期监测点

重点开展耕地土壤理化、生物性状、生产成本、作物产量变化、病虫草害变化和机具装备适用性等情况的监测试验，促进技术模式优化和机具装备升级。

（3）加强基础研究

支持科研院所、大专院校与骨干企业、新型农业经营主体、推广服务机构合作共建保护性耕作科研平台，研究基础性、长远性技术问题，建立健全东北黑土地保护性耕作理论体系。

2. 提升装备能力

（1）推进研发创新

引导科研单位、机械制造企业、材料工业企业集中优势力量，共建保护性耕作装备创新联盟和研发平台。开展高性能免耕播种机核心部件研发攻关，重点突破播种机切盘的金属材料及加工工艺、电控高速精量排种器的设计与制造等难题，加快产业化步伐。

（2）完善标准体系

围绕保障保护性耕作关键机具产品质量、关键生产环节作业质量，抓紧制订修订一批相关标准规范和操作规程。根据不同区域、作物特点，优化保护性耕作装备整体配置方案。

（3）增加有效供给

鼓励免耕播种机等关键机具制造企业加快技术改造、扩大中高端产品生产能力。发挥农机购置补贴政策导向作用，引导农民购置秸秆还田机、高性能免耕播种机、精准施药机械、深松机械等保护性耕作机具。

3. 壮大实施主体

（1）支持服务主体发展

支持有条件的农机合作社等农业社会化服务组织承担保护性耕作补贴作业任务，带动各类新型农业经营主体和农户积极应用保护性耕作技术，培育壮大技术过硬、运行规范的保护性耕作专业服务队伍。

（2）推进服务机制创新

鼓励农业社会化服务组织与农户建立稳固的合作关系，支持采用订单作业、生产托管等方式，积极发展"全程机械化＋综合农事"服务，实现机具共享、互利共赢，带动规模化经营、标准化作业。

（3）加强培训指导

利用高素质农民培育工程等项目，培养一批熟练掌握保护性耕作技术的生产经营能手、农机作业能手。广泛开展"田间日"等体验式、参与式培训活动，通过农民群众喜闻乐见的方式，提高保护性耕作科普效果，促进技术进村入户。

第二节　机械化保护性耕作的概念和内容

一、保护性耕作的定义

保护性耕作之前叫"免耕法"，起源于 20 世纪 30 年代美国"黑风暴"防治，"黑风暴"的灾难推动了各种保土保水耕作方法的研究，其中，免耕法作为一种新的耕作方式应运而生。随着推广和研究的不断深入，发现免耕只能适应部分土壤和自然条件，因此 1988 年开始，美国以秸秆残茬覆盖量为主，重新定义了传统耕作、少耕和保护性耕作，用保护性耕作代替了免耕的提法。国际上的一般定义为："用大量秸秆残茬覆盖地表，将耕作减少到只要能保证种子发芽即可，主要用农药来控制杂草和病虫害的耕作技术"。2002 年我国农业部按照保护性耕作的内涵和目标，将其定义为："对农田实行免耕、少耕，用作物秸秆覆盖地表，减少风蚀、水蚀，提高土壤肥力和抗旱能力的先进农业耕作技术"。

（1）目前美国保护性耕作的定义

通过少耕、免耕、地表微地形改造技术及地表覆盖、合理种植等综合配套措施，从而减少农田土壤侵蚀，保护农田生态环境，并获得生态效益、经济效益及社会效益协调发展的可持续农业技术。

其核心技术包括少耕、免耕、缓坡地等高耕作、沟垄耕作、残茬覆盖耕作、秸秆覆盖等农田土壤表面耕作技术及其配套的专用机具等，配套技术包括绿色覆盖种植、作物轮作、带状种植、多作种植、合理密植、沙化草地恢复以及农田防护林建设等。

（2）国外对保护性耕作的定义

用大量秸秆残茬覆盖地表，将耕作减少到只要能敢保证种子发芽即可，主要用农药控制杂草和病虫害的耕作技术。

（3）2002年我国农业部对保护性耕作的定义

保护性耕作是对农田实行免耕、少耕，尽可能减少土壤耕作（减少到种子能够出苗即可），并用作物秸秆覆盖地表，减少土壤的风蚀、水蚀，提高土壤肥力和抗旱能力的一项先进农业耕作技术。

（4）联合国粮农组织对保护性耕作的定义

保护性耕作是保护性农业的技术，定义为：一套将作物残茬留在地表的耕作方法，作物残茬覆盖的土地面积在播种后测量时，应该至少为耕地总面积的30%。可以通过生物手段减少杂草、病虫害的发病率，提高农业生态的多样性，有利于生物固氮，提高和更好地稳定产量，同时减低生产成本。

（5）其他定义

用秸秆残茬覆盖地面，尽量减少土壤耕作次数和对土壤的扰动量，或是创造地表微地形，增加地面粗糙度，既能达到保土、保水、保护农田生态环境，又要保证农作物苗齐、苗壮和正常生长，最终实现高产、高效的一种耕作技术。

二、保护性耕作的基本内容

保护性耕作的实施要点包括取消铧式犁翻耕，土壤容重较大时，用深松代替；秸秆全程覆盖，播种后地面覆盖率不低于30%；保持播前地表基本平整；免耕施肥播种，一次完成施肥播种；通过除草剂和机械及时控制杂草。保护性耕作工艺体系主要包括三项基本作业：秸秆处理，保证播前地表秸秆均匀分布；地表平整，免耕施肥播种；深松土壤。分析比较，保护性耕作比较适合中国土地。

相较于传统耕作，保护性耕作取消铧式犁翻耕，在保留地表覆盖物的前提下免耕播种，以保留土壤的自我保护机能和营造机能，其基本技术内容包括以下四项。

1. 免耕播种施肥

与传统耕作不同，保护性耕作的种子和肥料要播施到有秸秆覆盖的地里，有些还是免耕地，所以必须使用特殊的免耕施肥播种机，有无合适的免耕施肥播种机是能否采用保护性耕作的关键。该机具要有很好的防堵性能、入土性能、大量施肥、深施肥及良好的覆土镇压功能。

2. 秸秆残茬管理

秸秆和残茬在收获后留在地表做覆盖物，是减少水土流失、抑制扬沙的关键，因此要尽可能多地把秸秆保留在地表。此外，在进行整地、播种、除草等作业时，要尽可能减少对覆盖物的破坏。但是，秸秆太长或秸秆量过多，可能会造成播种机堵塞；秸秆堆积或地表不平，又可能影响播种质量；多风地区还可能把秸秆吹走,失去地表覆盖作用。因此,必要时可进行如秸秆粉碎、秸秆旋埋、地表平整等作业。

3. 杂草及病虫害控制

保护性耕作条件下杂草和病虫相对容易生长,必须随时观察,一旦发现问题,要及时处理。我国北方旱作地区经常遭遇低温和干旱,因而经过十几年的试验观察,尚未发现严重的病虫草害情况。一般情况下,在一年内适时喷洒除草剂一次,或人工锄草一次即可,病虫害主要靠农药拌种防治,有病虫害出现时可喷杀虫剂。在一年两熟地区,由于土壤水分好,地温较高,病虫草害相对会重一些。

4. 深松与表土作业

保护性耕作主要靠作物根系和蚯蚓等生物松土,但由于作业时机具及人畜对地面的压实,还是有机械松土的必要,特别是新采用保护性耕作的地块,可能有犁底层存在,应先进行一次深松,打破硬底层。在保护性耕作实施初期,土壤的自我疏松能力还不强,深松作业也有必要。根据情况,一般2～3年深松一次,直到土壤具备自我疏松能力,可以不再深松。但有些土壤,可能一直需要定期松动。深松作业是在地表有秸秆覆盖的情况下进行的,要求深松机有较强的防堵能力。

保护性耕作是人类由不耕作到刀耕火种,由刀耕火种到汉代发明铧式犁进入传统人畜力耕作,由传统人畜力耕作到传统机械化耕作后的又一次革命。前三次革命,人类都是通过耕作干预自然,带来农业生产的一次次飞跃。特别是机械化的发展,人类掌握了强有力的耕作工具,成为"自然的主人",可以随意改变土地的原有状态,提高劳动生产率和土地生产率。但是人类和自然的矛盾也愈来愈突出。比如耕翻作业除掉地面残茬、杂草固然有利于播种,但同时也破坏了对地面的保护,导致土壤风蚀、水蚀加剧;旋耕切碎土壤,创造了松软细碎的种床,但同时又消灭了土壤中的蚯蚓与生物,使土壤慢慢失去活性。耕作强度愈大,土壤偏离自然状态愈远,自然本身的保护功能、营养恢复功能就丧失愈多,要维持这种状态的代价就愈大。近几十年来,我国机械耕作活动增强,农作物产量大幅度上升,但河流泛滥、沙尘暴猖獗、土壤退化、作业成本上升也是不争的事实。而保护性耕作可以在取消铧式犁翻耕、尽量减少耕作的条件下通过根系腐烂、蚯蚓增加、土壤结构的改善和胀缩等实现土壤中水、肥、气、热的交换流通,满足作物生长需要。

对农业机械化工作来说,以往农业机械化谈论最多的是提高劳动生产率和土地生产率,只要农业生产任务按时完成、增产增收了,农业机械化就完成任务了。没有认识到农业机械化和资源与环境保护密切相关，机械化可以破坏环境、也可以保护环境。深耕深翻、开荒种地，发展了生产，也带来水土流失、环境恶化的问题，引起人们对机械化的质疑。但是，机械化也是治理环境的最重要手段之一，如机械化秸秆还田减少秸秆焚烧导致的大气污染；覆盖减耕节约农业用水；保护性耕作治理沙尘暴等。因此，发展保护性耕作，可以认为是机械化由单纯承担生产任务向承担生产和环保任务的转折点，是一场机械化耕作技术的革命。

三、免耕播种作业的基本原则

免耕播种作业要满足行距、株距、播深、播种量、施肥量等要求；要避免发生秸秆堵塞，种肥有足够的间距，避免烧种。

四、玉米免耕施肥播种

（1）农艺要求

在小麦收获后宜适墒早播，播种时土壤绝对含水率 12%～20% 为宜。墒情不足有灌溉条件的可在播种后及时浇水。玉米种植密度宜为 75 000 株／公顷～82 500 株／公顷，播种行距为 60 厘米等行距平作。播种深度 3～5 厘米，沙土和干旱地播种深度应适当增加 1～2 厘米。施肥在种子下方 4～5 厘米，要求深浅一致。肥料以颗粒状复合种肥为宜，合理确定施肥量。

（2）作业要求

作业前须按要求正确调整播量、肥量、播深、肥深、镇压力等，并通过试播，确认调整到位，才能进行作业。要根据机具对秸秆和地表的适应能力，控制免耕播种机行进速度，宜慢不宜快，有秸秆拖堆、壅土现象及时排除，减少漏播、重播和漏压情况，保障播种质量。

（3）作业质量

播种深度合格率 ≥75%，施肥深度合格率 ≥75%，邻接行距合格率 ≥80%，晾籽率 ≤1.5%，粒距合格率 ≥95%，漏播率 ≤2.0%，重播率 ≤2.0%。

五、小麦免耕施肥播种

（1）农艺要求

适期播种。适宜播期内，旱薄地、黏土涝洼地可适当早播，肥沃地、砂土地适当晚播。适墒播种。土壤绝对含水率 12%～20% 为宜，播后要及时镇压。干旱年份要灌水造墒，也可在小麦播种后浇蒙头水。适量播种，如果秸秆覆盖量大,播种量比传统耕作增加 10%～ 20%,确保有足够的穗数。

宜采用宽行宽幅免耕播种和小宽窄行免耕播种。宽行宽幅免耕播种,行距30 厘米,苗带宽 12 厘米、垄背 18 厘米;小宽窄行免耕播种,窄行(垄沟)12 厘米内播两行小麦,宽行(垄背)28 厘米。播种深度 2～4 厘米。落籽均匀,覆盖严密、播后镇压。

施肥深度分侧位深施和正位深施两种,侧位深施肥料施在种子侧下方3 ～ 5 厘米处,正位深施施在种子正下方 5 厘米以上,要求深浅一致。根据农艺要求合理确定施肥量。

(2)作业要求

作业前须按要求正确调整播量、肥量、播深、肥深、镇压力等,并通过试播,确认调整到位,才能进行作业。要根据机具对秸秆和地表的适应能力,控制免耕播种机行进速度,宜慢不宜快,有秸秆拖堆、壅土现象及时排除,减少漏播、重播和漏压情况,保障播种质量。

(3)作业质量

播种深度合格率 ≥75%,晾籽率 ≤2.0%,断条率 ≤2.0%,邻接行距合格率 ≥80%,施肥深度合格率总 ≥75%,种肥距离合格率 ≥80%。

六、保护性耕作秸秆与表土处理作业

1. 秸秆与表土处理作业基本原则

秸秆切碎长度、均匀度等以满足播种时不发生秸秆堵塞为主,兼顾易于幼苗出土,避免要求过细过匀、不必要地消耗功率和降低生产效率。

地表达到一定的平整度即可,尽量少耕作少动土,如不影响播种和出苗不需要播前平地。

2. 秸秆与表土处理作业作业时间

秸秆与表土处理作业宜收获后立即进行。如收获时土壤干燥,则土壤平整作业不宜立即进行,而应等降雨或灌水后土壤墒情适合时再进行。

3. 秸秆处理标准

(1)秋季玉米收获和秸秆根茬处理

玉米秸秆还田覆盖,玉米应进入完熟期,适时进行收获。玉米籽粒含水率25%～ 35%为宜。玉米收获机行距应与玉米种植行距相适应。留茬高度 ≤8厘米,秸秆切碎长度 ≤10厘米。

玉米全株(含穗)青贮收获在玉米乳熟期至蜡熟期进行。茎秆含水率65%～ 70%为宜。采用高留茬覆盖,玉米割茬高度 ≤20厘米。秸秆切碎长度,

牛为 3～5 厘米,羊为 2～3 厘米。

（2）夏季小麦收获和秸秆根茬处理

收获应在小麦的蜡熟期或完熟期前进行,小麦籽粒含水率 10%～20% 为宜。小麦秸秆还田覆盖,损失率 ≤2.0%,破碎率 ≤2.0%,含杂率 ≤2.5%,小麦茎秆切碎长度 ≤15 厘米,茎秆切碎合格率 ≥90%,还田茎秆抛撒不均匀率 ≤10%,小麦割茬高度 ≤15 厘米。

秸秆离田打捆外运,采用高留茬覆盖,小麦割茬高度 ≤20 厘米。

4. 秸秆粉碎机要求

为达到切碎标准,需要选择合适的秸秆粉碎机,正确调整与保养机具,及时更换磨损的锤片(刀片),控制切碎机的前进速度。

5. 部分长秸秆漏切处理方法

有些长秸秆由于落在低洼处,或被机器轮子压入地里,漏切或未能切碎,是播种时严重堵塞开沟器的首要因素。应尽量使用切碎机构前置的玉米收获机作业,避免出现长秸秆。出现的个别长秸秆需要人工挑出后切碎。

6. 碎秸秆分布不均处理方法

秸秆分布不均、成堆成条,比秸秆量大更容易导致播种机堵塞。解决方法是用秸秆还田机二次切碎、抛撒及混合。秸秆还田机具有切碎秸秆与把秸秆混入表土两重功能,效果更好。个别不均匀的地方可辅之以人工撒开。

7. 秸秆量过大处理方法

一些通过性能较差的免耕播种机,不减少秸秆覆盖量就难以正常作业。可以先用秸秆还田机作业,把部分秸秆混入表土,减少覆盖量。如播种机仍难通过,可以用圆盘耙耙地或旋耕机浅旋,进一步减少覆盖量。

8. 表土处理作业平整度要求

要求地表基本平整,否则不仅影响播种质量,也影响浇地。合理规划作业线路,避免作业机械田间空驶压地,尽量不在田间开沟、筑埂,破坏地表平整(灌溉可选用喷灌、滴灌,或利用种沟的沟灌)。如需平整地表,可选择秸秆还田机、圆盘耙、旋耕机等进行平整。

（1）表土细碎度

由于保护性耕作取消了翻耕、旋耕以及重耙等容易产生土壤结块的作业,"秸秆与表土处理"作业一般不考虑土壤结块问题。只有采用了深松的地块,可能因墒情不合适,产生土壤结块,影响播种质量,需要在深松机上安装碎土耙,旋耕刀等耙碎切细表土、消除土壤结块。

（2）表土松透度

秸秆覆盖降低了表土坚硬、板结，但是增大中下层土壤容重，使中层土壤变硬，要通过深松使土壤疏松。

机械化保护性耕作也存在一些不足：① 地表温度降低，多数研究表明，早春温度回升慢，导致播种出苗推迟；② 目前机具和技术不到位，造成播量增加，播种质量不易保证；③ 杂草与病虫害控制较困难，杂草病虫害增多15%～25%；④ 土壤变紧实的趋势；⑤ 耕作表层（0～10厘米）有机质和养分富集化而下层（10～20厘米）贫化；⑥ 影响有机肥、化肥与残茬的翻埋混合，土肥难以融合。

土地生产力下降的主要原因是土壤流失。我国每年因风蚀、水蚀造成的耕地损失为33亿吨。相当部分地区每年风蚀、水蚀带走大量肥沃的表土，导致土壤肥力降低，这是产量下降的主要原因。翻耕使风蚀、水蚀持续进行，当表面的细土被吹走，只剩下硬土后，风蚀、水蚀将逐渐减少。而下面的土翻上来，于是一场新的土壤侵蚀又开始了，年复一年，直到耕层的细土全部被刮走。每年这么刮，翻地再加上水土流失，土地就不肥沃了。

第三节 机械化保护性耕作的原理与效益

一、免耕播种的松土原理

把耕作由单纯改造自然，不考虑自然的机能，发展到利用自然的能力，人类的耕作措施与自然能力协调发展。扭转传统耕作发展了生产，损害了环境，降低了土地生产力的局面，转变为发展生产、保护生态环境的双赢局面。根茬越多，蚯蚓越多，地就越疏松，这个疏松土壤的工作由生物去做，那么人只需要保证地表的平整就可以了。

1. 根系松土

作物根系腐烂后留处大量的孔道，时间越长，孔道越多，孔道可以进行水分的渗入，运移和气体交换，耕翻后孔道会遭到破坏。

图 3-7　根系

2. 蚯蚓松土

蚯蚓不断挖土壤所形成的孔道粗细适当,是水肥气的良好通道,有利于形成良好疏松耕层。

图 3-8　蚯蚓

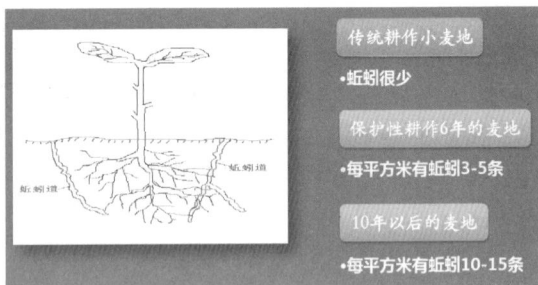

图 3-9　蚯蚓孔道示意图

3. 结构松土

通过作物残茬碎杆混入土壤使土壤团粒结构增加,同时微生物活动增强,有利于土壤疏松稳定,在降雨、灌水等情况下不易回实,能够保持土壤疏松特性。

4. 胀缩松土

土壤冬冻春融,干湿交替,使土壤趋向疏松,孔隙度增加。

5. 深松松土

当土壤不能自然恢复疏松时,可以用深松机对土壤进行强制疏松,机械从底层土壤入手,实现上下松土。

图 3-10　深松作业

图 3-11　犁底层

图 3-12　疏松土壤

二、机械化保护性耕作的效益

许多国家针对保护性耕作进行了多年的试验研究,并得出保护性耕作与传统翻耕相比有以下几方面效益。

1. 减少风蚀水蚀

降雨时产生径流不仅流失大量的水分,而且水分的流失会带走大量的土壤。这种随降雨径流而产生的农田土壤流失现象被称为水蚀,是水土流失的重要形式之一。土壤导致大量泥沙冲入江河、湖泊,污染水源,破坏生态,土壤退化,直至江河泛滥等,并严重影响水蚀区域的经济发展和人民生活水平。

土壤水蚀的主要原因是降雨径流。实行保护性耕作通过秸秆覆盖可以缓冲雨滴动能,减少激溅造成的土壤空隙堵塞;通过秸秆根茬阻碍水流,增加降雨入渗时间;通过实行免(少)耕保持植物根腐烂后形成的上下贯通的孔道,使入渗增加,从而减少了降雨径流达到减少土壤水蚀的目的。土壤水蚀是导致大量泥沙冲入江河、湖泊,污染水源,破坏生态,土壤退化,直至江河泛滥的重要原因。为测定保护性耕作对土壤水蚀的影响,中国农业大学等在山西寿阳建立了天然降雨径流及土壤水蚀试验区,对秸秆覆盖、土壤压实、耕作方法三因素构成的 5 种处理进行了径流和土蚀的同步监测。结果显示,在暴雨情况下,典型的保护性耕作(免耕、覆盖、不压实)比传统翻耕可减少土壤流失量 80% 以上。覆盖、压实、耕作三个因素都对土壤水蚀有影响,覆盖的影响最大。覆盖使土壤流失相对减少 77%,压实相对减少土蚀 50%,浅松相对增加土蚀 47% 左右。

风蚀是一种在风力作用下土壤尘粒被转移、堆积的过程,是农田土壤流失的一种自然现象。土壤是与水、肥、气、热及微生物活动状况有关的综合有机体,土壤在很大程度上就是这些要素相互作用的结果。土壤中的细粒、淤泥、腐殖质和其他有机成分共同组成了各种土壤团粒结构。失去团粒结构的土壤肥力会逐渐变低,水分和气体交换条件变差,如果进一步失去团粒结构,土壤就会退化成各颗粒之间没有联系的机械混合物,完全没有肥力,且容易被风刮走。

当大风吹走土壤表土后,植物的根暴露在外,在高温和空气干燥的情况下极易干萎。土壤风蚀作用的强度与风速、土壤颗粒大小、团粒结构、植被、干燥有关,而多次耕翻耕土层和松土,对土壤结构有严重影响,土壤团粒变得更小,土壤被侵蚀的危险性就更大,作物受害程度愈高。保护性耕作是通过免耕、少耕,减少作业机具进地次数,在作物收获后用大量秸秆残茬覆盖地表,使其形成一个防护层来保护土壤。它既能保证土壤有必要的疏松,同时又几乎不破坏表土面。地表残茬能有效地阻挡或减轻土壤风蚀和水蚀,保持土壤中的水分,从而提高作物的产量。

2. 减少温室气体排放、提高土壤肥力

保护性耕作把大量秸秆通过覆盖的方式还田,直接增加有机质;减少耕作、特别是取消铧式犁翻耕,可以间接增加有机质。传统的铧式犁翻耕等高强度土壤耕作,农田土壤疏松,有利于土壤中的好气性细菌繁殖,土壤中的养分分解快、多,土壤肥力高,但实际上是一种掠夺式经营,其结果是土壤养分迅速消耗,土壤有机质含量下降。实行免(少)耕,有利于土壤中的嫌气性细菌繁殖,对土壤养分分解慢,有利于土壤养分积累,有机质会逐渐增加。

同时,美国长期调查结果表明,翻耕减少有机质,免耕则增加土壤有机质。其机理主要是翻耕时,土壤中的有机碳与空气接触被氧化,形成气态 CO_2 而释放到大气中去了。加拿大研究出土壤有机质含量与大气 CO_2 的平衡,19 世纪以前,土壤有机质含量高,大气 CO_2 含量低。随着 20 世纪农业大开发,机械化深耕深翻土地,土壤中有机质迅速下降,而 CO_2 大量向空中排放的结果,大气中 CO_2 含量增高,温室效应加剧,全球气候恶化。20 世纪末,随着保护性耕作推广,土壤有机质含量上升,大气的 CO_2 含量又开始减少,形成既有利于培肥地力又减少温室效应的良性循环。

保护性耕作主要依靠作物根系和蚯蚓等穿插疏松土壤,蚯蚓数量多少是土壤肥沃程度的重要标志。澳大利亚昆士兰试验站测定,保护性耕作开展 15 年后,少耕覆盖、免耕覆盖的蚯蚓数分别为 33 和 44 条 / 平方米,而传统耕作是 19 条 / 平方米。分析原因是土壤含水量高、有机物质多,不翻耕土壤。中国农业大学在山西临汾的测定结果,传统翻耕地没有蚯蚓,而保护性耕作 6 年后的小麦地深松覆盖与免耕覆盖地分别为 3 条 / 平方米和 5 条 / 平方米,连续 10 年的免耕覆盖地,蚯蚓数量增加到 10～15 条 / 平方米。此外,秸秆还田为土壤微生物的生命活动提供了丰富的有效能源,同时在微生物活动下秸秆不断进行腐解。所以,以秸秆覆盖为主要特征之一的保护性耕作能促进土壤微生物的活动,有利于土壤质地的改善。

3. 节本增产

实施保护性耕作,可以实现农业增收,主要体现在增产和节本两方面。

保护性耕作实行免少耕,取消铧式犁等作业程序,减少了机器进地次数,可以节约燃油等能源支出,美国保护性耕作信息中心总结的保护性耕作十大优点的第二条明确指出"平均每英亩节省 3.5 加仑或者一个 500 英亩的农场可以节省 1 750 加仑燃油"(平均每公顷节约 13.25 升燃油)。

保护性耕作对增产有利的因素主要有两方面,即土壤水分增加和土壤肥力提高。对于旱区农业,这是影响产量最重要的因素。无灌溉条件下,作物生长所需的水分基本来自天上降雨,无论小麦还是玉米,采取保护性耕作都可以通过减少表土水分的蒸发、减少地表径流、增加雨水入渗等途径减少土壤水分无效消耗,增加土壤有效含水量,同时提高了水分利用效率,为增产创造了条件。我国各地近年来的试验示范结果也证明了这一点。但在具体实施过程中,个别示范区仍然处理减产现象,这也是正常的。

第四节 保护性耕作的关键技术

一、秸秆残茬覆盖管理技术

1. 秸秆残茬覆盖形式

秸秆残茬覆盖形式按覆盖量的多少可分为全量覆盖和部分覆盖两种。全量覆盖:前茬作物收获后,保留全部秸秆于田间;部分覆盖:前茬作物收获后,田间保留残茬部分秸秆。

按覆盖秸秆在田间的状态可分为立杆覆盖、倒杆覆盖、粉碎覆盖、残茬加碎杆覆盖四种。立杆覆盖:收获后保持秸秆直立作为覆盖,有的前茬作物收获时,将大部分将秸秆同时收走,只保留剩余较高的根茬及落地的枯叶等作为覆盖物;倒杆覆盖:收获后用机械或人工将秸秆压倒,覆盖在地表;粉碎覆盖:收获后或收获时将秸秆粉碎,均匀铺撒在田间进行覆盖;残茬加碎秆覆盖:收获后保留一定高度根茬,其余部分粉碎后覆盖在地表。

2. 覆盖量的选择

秸秆残茬的覆盖形式与保水、保土、保肥的效果有密切关系,一般来说,秸秆残茬覆盖量越多,保水、保土、保肥的效果越好,这是因为秸秆残茬覆盖量越多,秸秆的含水能力越强,径流越少,蒸发量也越低,秸秆腐烂后,对土壤的有机质增加也越多。

但覆盖的秸秆过多,也有一定弊端:秸秆残茬覆盖量与保水、保土、保肥的效果并不是直线关系,当秸秆残茬覆盖量达到一定程度时,其效果的增加就不显著了。覆盖的秸秆在腐烂过程中会与作物争氮,秸秆还田时要多施氮肥就是基于这一理由。覆盖的秸秆越多,增施的氮肥也要求越多。秸秆覆盖越多,播种后在播种行上出现秸秆的可能性越大,春季气温低,而低温会影响出苗,就有可能影响作物的正常生长。覆盖的秸秆越多,后续作业如免耕播种时出现堵塞的可能性就越大。

3. 秸秆残茬覆盖形式的选择

立秆、倒秆、粉碎和残茬加粉碎覆盖中,以粉碎覆盖和残茬加粉碎覆盖效果最好,倒秆覆盖效果次之,立秆覆盖效果最差。因为秸秆覆盖的目的是在地表与大气之间形成一个由秸秆残茬组成的隔离层,实现减少蒸发等效果。因此,粉碎并将碎秆均匀地覆盖地表,能减少地表的裸露,因而保水、保土、保肥的效果最好。倒秆覆盖时,考虑到后续作业的方便性,要求秸秆顺行压倒,重叠较多,覆盖效果差于粉碎覆盖。而立秆对地表的覆盖面积只有秸秆横截面的大小,覆盖效果最差。

秸秆和残茬覆盖的状态应结合各地实施保护性耕作的实际条件考虑。立秆覆盖的优点是抗风能力强,但由于其保水、保土、保肥效果较差,因此,在一般情况下不宜选择立秆覆盖。倒秆覆盖一般适用于冬春季风大的一年一熟作物种植区。粉碎覆盖适应各种秸秆,效果好,是覆盖形式的首选。粉碎覆盖的要求是粉碎质量高,抛撒均匀。但不适宜冬季休闲期风大的地区。残茬加粉碎覆盖也是适应冬季风大的地区,技术特征是粉碎时将粉碎机抬高,保留较高的根茬,其余秸秆粉碎后铺撒在田间,所留的较高根茬有一定的挡风作用,减少粉碎后秸秆被风刮走的机会。留茬覆盖是立秆覆盖的一种形式,适用于秸秆养畜的地区。收获后将上部大部分秸秆收走,只保留 20 厘米以上根茬。

4. 秸秆残茬处理

对于秸秆残茬覆盖量较大且未在收获同时完成粉碎的,在播种前一般应通过秸秆粉碎还田机粉碎,以保证较好的覆盖效果,为播种作业创造良好的条件。

（1）秸秆粉碎还田

1）水稻秸秆机械化还田技术

东北一熟区水稻秸秆翻埋还田技术:采用带有秸秆粉碎功能的水稻收获机收获水稻,秸秆粉碎后均匀覆盖地表,或用双轴水田旋耕机于秋季水稻收获后适时进行秸秆粉碎作业,粉碎后秸秆均匀覆盖地表。秸秆粉碎长度不大于 10 厘米,残茬高度小于 15 厘米;采用水田型翻地犁进行耕翻作业,达到扣垡严密、深浅一致、无立垡无回垡、不重耕不漏耕的要求;耕翻深度 18～22 厘米,秸秆残茬掩埋深度大于 10 厘米,埋茬起浆平地作业深度达到 10 厘米以上。

水旱轮作稻区:在收获水稻时,将秸秆直接切碎,并均匀抛洒覆盖于地表;要求:割茬高度 ≤15 厘米,秸秆切碎长度 ≤10 厘米,切断长度合格率 ≥90%,抛撒均匀度 ≥80%。秸秆粉碎地表覆盖还田要求有足够的秸秆覆盖量、腐烂较快;秸秆粉碎混埋还田要求旋耕深度 ≥12 厘米,秸秆覆盖率 ≥80%,碎土率 ≥50%;秸秆粉碎翻埋还田要求耕翻深度满足当地农艺和土壤条件要求,秸秆覆盖率 ≥90%,断条率 ≥2 次／米,立垡回垡率 ≤5%。

双季稻区:在收获水稻时,将秸秆直接切碎,并均匀抛洒覆盖于地表,要求:割茬高度 ≤15 厘米,秸秆切碎长度 ≤10 厘米,切断长度合格率 ≥90%,抛撒均匀度 ≥80%。秸秆粉碎混埋还田要求秸秆覆盖率 ≥90%,地表平整,田面高差 ≤3 厘米;秸秆粉碎翻埋还田要求耕翻深度满足当地农艺和土壤条件要求,秸秆覆盖率 ≥90%,断条率 ≥2 次／米,立垡回垡率 ≤5%。

2）玉米秸秆机械化还田技术

东北一熟区:秸秆粉碎覆盖还田技术。路线 a:玉米收获时秸秆直接粉碎还田覆盖地表,留茬高度小于 5 厘米,秸秆粉碎长度在 10 厘米左右,覆盖均匀,无集堆现象;翌年春季不整地、不动土（宽窄行种植形式可用搂草机搂草归行,露出播种带）,直接免耕播种。路线 b:玉米收获时高留根茬 30 厘米,上部秸秆直接粉碎还田覆盖地表,粉碎长度在 10 厘米左右,覆盖均匀,无集堆现象;翌年春季不整地、不动土,直接免耕播种。路线 c:玉米收获时移除或切断秸秆还田机,秸秆直接压倒,形成不规则、长短不一形式还田覆盖地表,无明显集堆现象;翌年春季不整地、不动土,直接免耕播种。

秸秆粉碎混埋还田技术:玉米收获时秸秆直接粉碎还田覆盖地表,粉碎长度在 5～10 厘米左右,覆盖均匀,无明显集堆现象;用秸秆打包机等将秸秆捡拾、移除田间,捡拾移除量不小于60%;翌年春季采用联合整地机进行灭茬、旋耕、起垄、浅松和施底肥联合作业,起垄后及时镇压,以利于保墒。灭茬旋耕要求达到土壤细碎,作业耕深不少于12厘米,起垄要达到直线度好,垄距均匀一致,交接垄无明显宽窄不一现象,地头整齐,施肥均匀、连续,无明显断条、漏施现象。

3) 秸秆深翻还田技术:玉米收获时秸秆直接粉碎还田覆盖地表,秸秆粉碎长度在5~10厘米,覆盖均匀,无集堆现象;采用双向翻转犁深翻25~30厘米,要求扣垡严密,无重翻漏翻、无回垡立垡和明显垡条现象,翻后无堑沟,地表10米内高低差不超过10厘米,裸露残茬不超过10%;翻后及时耙压,耙深均匀(轻耙8~10厘米,重耙16~18厘米),达到秸秆、根茬耙碎、混拌均匀、不漏耙、不拖堆、地表平整、土壤细碎、达到起垄状态;耙后及时起垄,垄高达到17~22厘米,垄距均匀,直线度好,交接垄无明显宽窄不一现象,地头整齐;起垄后及时镇压,以利于保墒。

黄淮海两熟区:采用玉米联合收割机配套秸秆还田机一次进地对秸秆进行粉碎还田,还田完成后秸秆覆盖要相对均匀,地表平整,以便机器作业;玉米秸秆粉碎还田作业质量要求割茬高度≤8厘米,秸秆切碎长度≤10厘米,切碎长度合格率90%以上,抛撒不均匀率≤20%,漏切率≤1.5%。秸秆粉碎覆盖还田要求土质应为沙土或壤土,要有足够的秸秆覆盖量、腐烂较快;秸秆粉碎混埋还田要求旋耕深度≥12厘米;秸秆粉碎翻埋还田要求翻耕深度≥20厘米,耕深稳定性≥85%,破土率≥80%,覆盖率≥80%。

西北一熟区:秸秆粉碎覆盖还田技术。粉碎后的秸秆长度≤10厘米,秸秆粉碎率≥90%,抛撒均匀,根茬高度≤8厘米。机械收获的割茬高度、切碎长度、抛撒均匀度可适当增减,有利于发挥收获机械的工作效率。

整秆地表覆盖还田技术:玉米收获后应趁茎秆水分含量较高、韧度较好时进行压倒,保证压倒的秸秆不分段,减少被风刮走或集堆的可能性;尽量用机械压倒,如拖拉机悬挂旋耕机、粉碎机(工作部件不转)等,保证有较大的压倒力,防止压倒后反弹,影响覆盖效果;顺行压倒,并根据免耕播种机播种行数决定秸秆压倒方向,为下茬玉米播种创造良好的播种条件。

粉碎混埋还田技术:通过秸秆粉碎还田机作业使粉碎后的秸秆长度≤10厘米,秸秆粉碎率≥90%,粉碎后的秸秆应均匀抛撒覆盖地表,根茬高度≤8厘米;机械收获的割茬高度、切碎长度、抛撒均匀度可适当增减,有利于发挥收获机械的工作效率;通过旋耕或耙地等作业将地表的秸秆与土壤混合,防止大风将粉碎后的秸秆吹走或集堆,秸秆混埋后田间秸秆覆盖率不低于50%。

粉碎翻埋技术:通过秸秆粉碎还田机作业使粉碎后的秸秆长度≤10厘米,秸秆粉碎率≥90%,粉碎后的秸秆应均匀抛撒覆盖地表,根茬高度≤8厘米。机械收获的割茬高度、切碎长度、抛撒均匀度可适当增减,有利于发挥收获机械的工作效率。

4)小麦秸秆机械化还田技术

黄淮海两熟区小麦秸秆粉碎地表覆盖还田技术:采用小麦联合收割机自带粉碎装置对秸秆直接切碎,并均匀抛洒覆盖于地表;割茬高度≤15厘米;小麦秸秆切碎长度≤10厘米;切断长度合格率≥95%;抛撒不均匀率≤20%;漏切率≤1.5%。

西北一熟区:采用小麦联合收割机自带粉碎装置对秸秆直接切碎,并均匀抛洒覆盖于地表;割茬高度≤15厘米;小麦秸秆切碎长度≤10厘米;切断长度合格率≥95%;抛撒不均匀率≤20%;漏切率≤1.5%。秸秆粉碎混埋还田要求旋耕深度≥12厘米;秸秆粉碎翻埋还田要求翻耕深度≥20厘米,耕深稳定性≥85%,碎土率≥80%,覆盖率≥80%。

西南两熟区:小麦机械收获后进行灭茬作业,并均匀抛洒覆盖于地表,小麦秸秆切碎长度≤10厘米,切断长度合格率≥95%,抛撒不均匀率≤20%,漏切率≤1.5%;秸秆粉碎混埋还田要求浅水旋耕埋草,水深以第一次打浆后不出现明水为宜,水深会导致秸秆漂浮,旋耕深度≥15厘米。秸秆粉碎翻埋还田要求小麦机械收获后捡拾打捆收集60%秸秆离田,剩余秸秆翻埋还田,翻埋深度≥20厘米。

5)大豆秸秆机械化还田技术

东北一熟区:机械收获大豆时秸秆全部粉碎还田,粉碎后秸秆均匀覆盖地表,无明显堆积现象;收获后及时进行机械深松作业,深松深度30厘米以上,增强土壤蓄水保墒能力;翌年春季采用灭茬旋耕起垄施肥联合整地机,在秸秆粉碎与土壤混拌同时进行底肥施入与垄型制备,并镇压保墒,达到播状态;大垄双行或三行种植的,应使用专用起垄机进行起垄作业,垄距110厘米,垄高20厘米;起垄作业直线度要好,交接垄距要均匀,无明显宽窄不一现象,地头整齐。

黄淮海两熟区:选择具有秸秆粉碎功能的大豆收割机,在收割大豆的同时粉碎秸秆并均匀抛撒覆盖地表。在使用大中型拖拉机配套的旋耕机旋耕埋茬时,耕深不小于15厘米,使秸秆与土层混合;使用大中型拖拉机配套的铧式犁深耕翻埋秸秆时,耕深不小于18厘米,耕后耙透、镇实、整平。由于大豆秸秆量较小,秸秆粉碎后也可直接应用旋耕施肥播种机、免耕播种机播种。大豆割茬高度以不留底荚、不丢枝为标准,一般≤10厘米,秸秆切碎长度≤10厘米,切碎长度合格率90%以上,抛撒不均匀率≤20%,收获损失≤3%,破碎率≤3%,泥花脸≤5%。

6）油菜秸秆机械化还田技术

春油菜区：粉碎覆盖还田技术。路线a:采用油菜联合收获机一次性完成油菜切割、脱粒、清选和秸秆粉碎还田作业,留茬高度小于20厘米,秸秆粉碎长度在小于10厘米,覆盖均匀,无集堆现象;翌年春季机械深松整地后免耕播种。路线b:油菜机收时后残茬覆盖地表,白菜型油菜留茬高度小于15厘米,甘蓝型油菜留茬高度小于30厘米,秸秆覆盖地表;翌年春季采用机械深松旋耕联合整地(深松深度大于25厘米,旋耕深度小于15厘米)后免耕播种(播种深度小于3厘米)。

粉碎翻埋还田技术：油菜收获时秸秆直接粉碎还田覆盖地表,秸秆粉碎长度小于10厘米,覆盖均匀,秋季或冬季深翻;翻耕深度≥20厘米,耕深稳定性≥85%,碎土率≥80%,覆盖率≥80%。

冬油麦区：秸秆粉碎混埋还田技术。路线a:油菜机收同时秸秆粉碎均匀抛撒于田里,留茬高度小于10厘米,秸秆粉碎长度小于10厘米,泡田1~2天(水深1~3厘米),旋耕作业秸秆混埋还田,旋耕深度大于15厘米;路线b:机收油菜留高茬,留茬高度10~30厘米,使用秸秆粉碎灭茬机将油菜秸秆粉碎,泡田1~2天(水深1~3厘米),再旋耕作业秸秆混埋还田;或使用双轴灭茬旋耕机复合作业一次性完成旋耕灭茬秸秆混埋还田,旋耕深度大于15厘米。

秸秆粉碎翻埋技术。路线a:油菜机收同时秸秆粉碎均匀抛撒于田里,留茬高度小于10厘米,秸秆粉碎长度小于10厘米左右,秸秆机械深翻还田,翻耕深度≥20厘米。翻耕3~5天后(如茬口不够也可立刻泡田),泡田1~2天(水深1~3厘米),旋耕平地。路线b:机收油菜留高茬,留茬高度10~30厘米,使用秸秆粉碎灭茬机将油菜秸秆粉碎,油菜秸秆机械深翻还田,翻耕深度≥20厘米。翻耕3~5天后(如茬口不够也可立刻泡田),泡田1~2天(水深1~3厘米),旋耕平地。

7）棉花秸秆机械化还田技术

棉花机械采收后,一种方式是机械捡拾地表残膜,再用秸秆还田机进行粉碎还田;另一种方式是用秸秆还田残膜回收一体机进行秸秆粉碎还田和残膜捡拾作业。地表残膜要尽量捡拾干净,秸秆抛撒覆盖要基本均匀。棉花秸秆粉碎还田作业质量要求割茬高度≤8厘米,秸秆切碎长度≤10厘米,切碎长度合格率90%以上,抛撒不均匀率≤20%,漏切率≤1.5%;秸秆粉碎翻埋还田技术要求采用铧式犁耕翻覆盖秸秆,耕深25厘米以上,不漏耕重耕,秸秆覆盖在地

表10厘米以下,覆盖严密,耕后用残膜回收机回收地膜。耕后用联合耕整地机或旋耕机将地表耙地平整,第二年播种前再用联合整地机或旋耕机进行平整地,要保证上虚下实,利于播种。整地后进行机械铺膜播种。秸秆粉碎混埋还田技术要求秸秆粉碎还田后,进行机械深松,深松深度为30~40厘米。耕后用联合耕整地机或旋耕机、圆盘耙将地表平整,第二年播种前再用联合整地机或旋耕机、圆盘耙耙地整平,要保证上虚下实,利于播种。整地后进行机械铺膜播种。

秸秆全量覆盖还田少耕播种技术类型和秸秆全量覆盖还田少耕播种技术类型所采取的方式和具体的实施要求。目前,由于免耕播种作业会出现播种作业时堵塞带来的一系列问题,播种季节因秸秆覆盖造成温度低下而影响播种出苗等问题。土壤微生物的培养和保护性耕作有非常巨大的关系,保护性耕作使土壤微生物增加,形成生物多样性。开展保护性耕作是要解决传统作业出现的不好现象(土壤的侵蚀,生物多样多样性的消失,有机质数量与质量的下降以及土壤耕层的障碍等4项内容),因此,保护性耕作确实与土壤微生物的培养有很大的关系。在保护性耕作中的秸秆大量覆盖地表后,目前尚未发现有规律性的病虫草害发生的现象;但与国际粮农组织相关的人员交流,为了防止病害、虫害,秋季收获时的秸秆越短越好,病虫害将得到很好的控制。保护性耕作所用的播种机,能完成免耕播种和少耕播种作业——首先要能播,第二要播得好,然后要播得快;播得好和播得快,才能提高机具生产效率,保证作业质量,为高产稳产创造好的条件。保护性耕作应该是国家战略(秸秆综合利用、耕地保护与藏粮于地)。秸秆不同地区处理方式、处理量会有不同看法和实践,播种方式、播种机基本都是围绕秸秆处理来进行研究、开发的;秸秆还田,无论是直接还田还是过腹还田或其他更多的还田方式,秸秆最终还是应该回归田园,这是土壤有机质的源泉,而有机质是藏粮于地的核心,是用地与养地的有效衔接有机结合。保护性耕作重点,在技术体系上还得继续研究秸秆处理与农艺的结合,包括病虫害关系,在硬件上是研究免耕播种机问题,破解在秸秆覆盖状况下的播种。

(2)直立秸秆处理

直立秸秆处理是指对于风沙较大的地区,收获后对秸秆不做处理,秸秆直立在地里,播种时将秸秆按播种机行走方向撞压,使其倒伏在地表。

(3)留根茬处理

留根茬处理是指在使用秸秆量较大的地区,留根茬高度达20~30厘米。

(4)粉碎浅旋处理

粉碎浅旋处理是指采用旋耕机或旋耕播种机粉碎秸秆、浅旋表土,使作物秸秆与浅旋层土壤混合。

5. 秸秆残茬处理常用机具

秸秆残茬处理常用机具主要有钉齿滚筒型粉碎型联合收割机、锤爪式秸秆粉碎还田机、Y型甩刀式秸秆粉碎还田机、直型刀式秸秆粉碎还田机、L型刀式秸秆粉碎还田机等。

钉齿滚筒型粉碎型联合收割机能在收获小麦、油菜的同时将秸秆粉碎还田,只需稍加抛型撒均匀即可;锤爪式秸秆粉碎还田机和Y型甩刀式秸秆粉碎还田机适宜于粉碎硬质秸秆作物类秸秆粉碎。

6. 秸秆粉碎还田作业质量要求

秸秆切碎合格率≥85%;秸秆粉碎还田作业时留茬高度为≤10厘米;作业时尽可能减少对土壤的搅动,以利于秸秆覆盖条件下实施机械化保护性耕作播种;为保证免耕播种机的通过性,秸秆应均匀铺撒,作业时注意尽量避免中途停车,以防止秸秆成堆堵塞;作物收获后对条铺秸秆进行切碎时,为了使铺撒宽度达到或接近收获机的工作宽度,所用的粉碎机必须带有铺撒装置。

7. 秸秆的处理方法

秸秆的处理方法有:秸秆粉碎;直立或整株压倒秸秆;留根茬;粉碎浅旋处理。

秸秆覆盖,根茬固土,减少土壤水蚀、风蚀和水分的无效蒸发,作物秸秆和残茬腐烂后,增加表层土壤有机质含量。但秸秆堆积或地表不平,影响播种质量,应对秸秆进行处理。

保护性耕作中需要采用个机械化技术对秸秆残茬进行管理,保证免(少)耕播种和秸秆还田作业质量。秸秆残茬管理机具通常运用高速运动的秸秆粉碎刀或根茬粉碎刀对秸秆或作物根茬尽心过多次高速打击、砍切、揉搓、撕裂后将秸秆或根茬粉碎抛撒。

8. 黄淮海保护性耕作秸秆与残茬的管理

小麦玉米两季作物秸秆全量覆盖还田;玉米青贮小麦秸秆覆盖还田;小麦秸秆离田玉米秸秆覆盖还田。

二、免(少)耕播种施肥技术

免耕施肥播种技术是保护性耕作的最关键技术。

1. 保护性耕作地表状况对播种作业的影响

土壤容重大,开沟入土困难;土壤流动性差,播种覆土厚度控制困难;残茬覆盖,影响播种机通过性;地表平整度差,播深控制困难;镇压强度要求高;施肥量大,播种难度大。

2. 免耕施肥播种技术

（1）破茬开沟技术

移动式破茬开沟技术;滚动式破茬开沟技术;动力驱动式破茬开沟技术。

（2）防堵技术

圆盘滚动式开沟防堵技术;秸秆粉碎和加人开沟器间距防堵技术;被动力式防堵技术;动力驱动式防堵技术。

（3）种肥分施

种肥同播技术;种肥分施技术:侧位分施,垂直分施。

（4）覆土镇压技术

实施保护性耕作播种时对镇压要求较高,一方面将较大的土块压碎,另一方面对种行上的土壤进行适当压实。

3. 免(少)耕播种技术的一些概念

小麦免(少)耕播种时在秸秆还田覆盖的情况下,不耕翻土壤,采用免耕播种机一次完成开沟、肥料深施、播种、覆土、镇压等作业工序的技术。

与传统的耕作不同,保护性耕的种子与肥料要播施在秸秆覆盖的土壤里,对播种机要求高,免耕播种机是关键。

播种前需要对土壤进行表土耕作处理。

表土耕作是指在前茬作物收获后至播种前用机械(圆盘耙、弹齿耙、深松机、浅松机等)对地表10厘米以内的表土层进行作业,目的是平整土地、清除杂草等,是少耕的一种形式。(增施尿素、腐熟剂、菌剂等促进秸秆分腐解与腐熟。)

少耕是指在一定的生产周期内合理减少耕作次数或增大耕作间隔,从而减少耕作面积的耕作法。

在季节间、年间轮耕,减少中耕次数或免中耕等都属少耕的范畴。

从20世纪50年代起,各国提出了多种类型的少耕法。

如保留翻耕环节的少耕方法有:去掉耙耢环节、翻后直接播种、保留耙耢环节、去掉中耕等;免去翻地环节的少耕法有:深松代翻耕、以旋耕代翻耕、间隔带状耕种、连年耙地、旋耕、垄作等。

我国的松土播种法就是采用凿形犁或其他松土器进行平切松土,然后播种。

带状耕作法是把耕翻局限在行内,行间不耕地,作物残茬留在行间。

国外的少耕法包括耕播法、耕后播种法、固定道作业、带状播种法、耙茬播种、局部深松代替耕翻、旋耕代替耕翻等。

少耕播种是指播前进行了适度整地等表土作业,再用免耕播种机进行播种,以保证较好的播种质量。

免耕又称零耕、直接播种。指作物播前不用犁、耙等整理土地,直接在播种,作物生育期间不使用农具进行土壤管理的耕作方法。

国外的少耕法一般由 3 个环节组成:利用前作残茬或播种牧草作为覆盖物,采用联合作业免耕播种机开沟、喷药、施肥、播种、覆土、镇压一次完成作业,采用化学药剂防治病、虫、杂草。

少耕免耕也存在一些问题。作物秸秆覆盖物在分解时,产生一些带苯环的物质(化感物质),影响种子发芽和幼苗生长,秸秆量过大的话,秸秆腐解过程中或产量大量热量,造成烧苗或烧种,由于地面覆盖,土壤升温慢,使播种出苗延迟,由于不能翻埋残茬,使病、地下害虫危害增加。

美国条耕技术:条耕模式,是美国保护性耕作的主要模式,在 2017 年曾创造了玉米亩产 2 269. 136 千克的世界最高纪录。

条带耕作的定义:有秸秆覆盖的播种带称为苗带,对其进行秸秆分离、粉碎,种床土壤耕作疏松,进而为后续播种创造条件。

条带耕作模式下,土壤挠动不超过 1/3,作物(美国秋季玉米)生长期行间有秸秆覆盖。

条耕的优势:

降低土壤水分流失,较快地提高播种带土壤温度;

减少土壤压实,增加土壤孔隙度;抑制农田杂草,丰富土壤生物;

减少表土流失,降低碳排放,改善耕层结构,保蓄养分,提高土壤肥力。

就是说,通过条耕,既保持了地表面有较大面积的秸秆覆盖量,又解决了播种质量和出苗生长的问题。

条带耕作机一般采用圆盘式切刀、耙片和铲式疏松土壤及圆滚式碎土镇压土壤工作部件,牵引式作业,没有动力输出旋转部件。

机具前部有秸秆分离部件;有的还带有深松铲和施肥机构,在条带耕作的同时,可以深松或施肥作业。

1. 四连杆仿形机构 2. 限深切刀 3. 缺口切刀 4. 拨叉轮 5. 浅松齿 6. 缺口耙片 7. 镇压轮

图 3-13 条带耕作机

配肥箱或拖拉机前置肥箱或沼液撒施装置,同时可以搭配播种机,实现条带播种一次完成。

图 3-14 复式作业机械(1)

图 3-15 复式作业机械(2)

图 3-16 复式作业机械(3)

垂直耕作技术:秸秆耙混还田复式作业技术,两种技术路线:一种利用圆盘刀、深松铲等土壤工作部件,实现秸秆与土壤耙混,疏松土壤;一种利用旋耕刀式土壤工作部件,实现秸秆与土壤耙混,疏松土壤(原则上不属于保护性耕作)。

通过垂直深松、秸秆还田和土壤表面的垂直耕作方式,提高土壤吸水保墒能力,增强土壤有机质含量,促进作物根系发育和营养的吸收,最终实现种植收益的最大化。

秸秆碎混全量还田模式的特点:与传统其他耕作模式相比,所有的设备垂直于土壤的水平面运动方向,能够很好地打破犁底层,并且防止新的土壤板结的产生。

三、杂草及病虫害防治技术

由于保护性耕作实行免耕、少耕模式,土壤耕作强度和频次少,易滋生杂草和病虫害,病虫害的影响程度与传统耕作模式相比不突出,杂草控制是主要矛盾。

保护性耕作控制杂草方式:化学除草、机械除草。

化学除草:针对杂草类别和不用的生理阶段选择除草剂,选择合适的喷洒时机、技术喷洒,以最低的投入达到化学除草剂高效除草的目的。

机械除草:利用改革中形式的除草机械和表土作业机械除草。

杂草防治:人工除草、机械浅松除草和化学除草。

图 3-17　浅松中耕机

1. 保护性耕作农田杂草的发生特点

杂草发生时间提前;初期杂草的密度增加;上下茬农田杂草重叠发生,生育期参差不齐;多年生杂草危害家中,优势种变化;杂草的控制更加有赖于化学药剂。

2.保护性耕作农田病虫害的发生特点

有利于土传病害的发生;有利于地下害虫的发生和危害;可能早期原来次要害虫变为主要害虫,老病虫害严重回升。

杂草:化学除草是保护性耕作理想的除草方式(多土壤搅动量小),还可以结合表土作业进行浅松或耙地除草(浅松机、耕耘机、耙)。病虫害:预防为主,综合防治。农业、物理、生物的措施。化学防治:播前拌种、作物生长中喷洒杀虫剂、杀菌剂。根据以往地块杂草病虫的情况,合理配方,适时施药;作业前注意天气变化,注意风向;及时检查,防止喷头、管道堵漏;化学植保时,作业机具具有良好的通过性,不能损伤作物;对所施用的化学农药应有较高的附着率,以及较少的飘移损失;机具应有较高的生产效率和较好的使用经济性和安全性。

四、机械化深松与表土作业技术

1.深松

在旱地保护性耕作技术体系中,机械化深松是一项基本的少耕作业。

实施保护性耕作的地块,第一年都要进行深松作业,疏松刚突然个,打破犁底层,一般2~3年一次,直到土壤具备自我恢复能力。

保护性耕作地块的深松是在地表秸秆覆盖的情况下进行的,要求深松作业机具要有较强的防堵能力。

图 3-18　深松联合作业机

一般深松按作业方式可分为全方位深松和局部深松。

全方位深松以疏松土壤为主要目的,可采用偏柱式深松机或凿型犁。局部深松主要以蓄水位主要目的,可选用凿式深松产,形成虚实并存的耕层结构,虚部蓄水,实部提墒。

作用:打破犁底层;提高土壤蓄水能力;调节土壤三相比,改善土壤结构;减少降雨径流和土壤水蚀;消除由于机器作业造成的土壤压实。

2.耙耕

耙耕可以减少残茬覆盖量;平整土地,灭除杂草;疏松土壤,提高地温,改善播种质量,提高出苗率。

耙耕的缺点是在水分不适时,耙后会出现较多、较大的地块,在一定程度上会影响小籽粒、窄行窄作物的播种质量。

3. 苗带旋耕

尽量减少使用旋耕技术,一般在无其他地表处理手段时才采用旋耕机进行地表处理,尽量采用苗带旋耕的条耕技术。

浅松和耙耕是理想的表土作业方式,尽量不采用全旋整地,可选用苗带耕作。

五、土壤肥料管理与作物栽培技术

推荐选择 12 厘米 +28 厘米的宽窄行;30 厘米宽幅播种;玉米推荐行距 60 厘米;适当加大播种量,一般增加 10%~20%;选用优良品种;施足底肥;种肥同播;适墒播种;做好追肥;田间管理(水肥运筹)。

第五节 保护性耕作机具及选择

保护性耕作在实施过程中,涉及的主要机具有秸秆残茬管理、表土耕作、免(少)耕播种的深松机具。秸秆残茬管理是保护性耕作的基础,秸秆覆盖的好坏,直接关系保护性耕作实施的成败。表土耕作是杂草控制的关键技术之一。免少耕播种在有秸秆覆盖的地表完成播种作业,有效防堵是实施免耕的前提。深松畜纳雨水、打破犁底层等。

一、残茬管理机具

1. 秸秆还田灭茬机

图 3-19 秸秆还田灭茬机

2.秸秆粉碎还田机

图 3-20 秸秆粉碎还田机

秸秆耙混还田复式作业机有两种技术路线：一种利用旋耕刀式土壤工作部件，实现秸秆与土壤耙混，疏松土壤；一种利用圆盘刀、深松铲等土壤工作部件，实现秸秆与土壤耙混，疏松土壤。这两种方式，一般应在秋季作业，同时可进行深松。

秸秆归行条耕机，把归行与条耕结合起来，前置归行、后部条耕；秸秆归行、条耕旋耕播种一体机；秸秆捡拾抛沟旋耕起垄镇压复式作业机，把传统耕作与保护性耕作结合起来，体现各自优势，既不烧秸秆，又比翻埋秸秆作业方式环节少、作业成本低，同时也起到一定的秸秆覆盖减少风蚀水蚀，保护土壤作用。

二、表土作业机具

秸秆与表土处理使用的机具有秸秆切碎机，秸秆还田机，圆盘耙（钉齿耙），苗带旋耕机等。

作业以切碎秸秆为主，选用秸秆切碎机，切碎并抛撒秸秆。秸秆切碎机有卧轴和立轴式，使用较多的是卧轴式。切碎刀具主要有锤片式（适用于玉米等硬质秸秆），直刀式（适用于麦类等软质秸秆），L型、Y型甩刀式（适用于玉米等硬质秸秆，青贮玉米等软脆秸秆），可根据需要选用。

作业以切碎和秸秆分布均匀为主，选用秸秆切碎还田机。在秸秆切碎的基础上，通过旋耕机构的切碎和混土功能，提高秸秆分布均匀性。

作业以秸秆分布均匀和平整表土为主，首选秸秆切碎还田机，如果不能满足要求，进一步选用圆盘耙均匀分布秸秆和平地。

作业以减少秸秆覆盖量为主,首选秸秆切碎还田机,如果不能满足要求,采用旋耕机浅旋进一步减少覆盖量。

表土耕作是在收获后或播种前用机械对地表10厘米以内的表层土壤进行的作业,是少耕的一种形式,主要用于平整地表;降低地表秸秆覆盖率;灭除杂草;降低表土容重,减少开沟的阻力,提高表土低温,增加蓄水量。表土耕作主要包括耙地、浅松、垂直耕作等。保护性耕作常用到的表土耕作机具圆盘耙、弹齿耙、浅松机、垂直耕作机具等。

1. 圆盘耙

圆盘耙以固定在一根水平轴上的多个凹面圆盘组成的耙组作为工作部件的耕作机具。主要用于犁耕后松碎土壤,达到播前整地的农艺要求。也用来除草或在收获后的茬地上进行浅耕和灭茬。重型圆盘耙还可用于耕地作业。

圆盘耙由耙架、耙组、牵引或悬挂装置、偏角调节机构等组成。其在滚转前进时,利用自重和土壤的反作用力入土,土壤沿耙片凹面上升和跌落,达到碎土、翻土和覆盖的效果。

图 3-21　圆盘耙

2. 弹齿耙

弹齿耙主要是通过振动拔齿疏松土壤,平整地表,同时防止秸秆缠绕,可用于播种前的地表处理,达到创造良好种床、提高播种质量的目的。根据工作部件弹齿耙可分为凿式、锄铲式等。国外典型的弹齿耙采用多梁结构,秸秆通过性好。如CDM300型弹齿耙、8323FC型弹齿耙(锄铲式)。

图 3-22 弹齿耙

图 3-23 弹齿耙

3. 浅松机

浅松:不超过耕作层深度、土层基本不乱的松土作业。

浅松机:松土深度不超过耕作层松土作业机械,如 1Q-320。

作业时,利用松土铲从地表下 5～8 厘米处通过,表层土壤和秸秆从浅松铲表面流过,并经过镇压,获得平整细碎的种床,实现平地、除草、碎土功能,同时浅松还能降低表土容重,提高表土温度,减少播种开沟器的阻力,提高播种质量。浅松处理时不影响地表秸秆覆盖。

浅松表土作业:平整地表,提高低温;除草;均匀分布覆盖地表的秸秆;降低表土容重,减少开沟器阻力。

图 3-24 浅松机

4. 垂直耕作机械

垂直耕作是一种对土壤垂直剪切而不引起土壤水平挠动的工作方式。垂直耕作主要使用的关键部件为圆盘刀、圆盘耙,圆盘刀在滚动碎土的同时,切碎秸秆残茬,并将秸秆与土壤混合,促进秸秆的腐烂分解,使得种床有耕均匀的容积密度和孔隙度,有利于种子发芽和出苗,切碎的秸秆也能提高少免耕播种机的通过性。

实际作业中,垂直耕作多采用"圆盘刀—圆盘耙""圆盘刀—深松铲—圆盘耙"等组合形式,以实现更好的土地耕整效果。

国外保护性耕作所用的表土耕作机具多为深松铲、圆盘耙、弹齿耙以及镇压辊等组成的联合整地机,能一次完成灭茬、深松、耙地等作业。如 Legmen,Great Plain,Vineland 等企业均有生产。

图 3-25 垂直耕作机

三、免耕播种机

1. 免耕施肥播种机的关键技术

（1）破茬开沟技术

少动土、少跑墒是保护性耕作的基本要求。免耕施肥播种时,地表有秸秆残茬覆盖,有地土壤紧实,要求有良好的破茬开沟技术。

移动式破茬看技术——应用窄形尖角开沟器破茬开沟。

滚动式破茬开沟技术——主要滑刀式和圆盘式两种。应用较多的是圆盘式(缺口式、波纹式、平面式、凹面式等)。

动力驱动式破茬看技术——旋耕刀式、直刀式或圆盘刀式。

旋耕刀破茬:一种全旋播种,另一种是带状旋耕。

带状旋耕是保护性耕作技术推广实施中一项新技术,全旋仅仅是传统的旋耕与播种技术的结合,仍然属于传统的耕作技术。

带状旋耕多用于玉米茬地直播小麦和玉米生长期的中耕培土追肥等作业。

（2）常用防堵技术

加大秸秆通过空间——造成秸秆堵塞的主要原因是秸秆缠绕和堆积,采用高地隙和多梁架结构,增大相邻土壤耕作部件的形成空间。

部件开沟防堵技术——采用通过性好的部件,如圆盘开沟器。

装置防堵技术——开沟器前面加装分草板、分草圆盘(单圆盘、双圆盘、凹面缺口圆盘)、行间压草器、轮齿式拨草轮等。

免(少)耕播种机在免耕或少耕的地表实施播种作业,地表存在一定程度的秸秆残茬覆盖,秸秆残茬覆盖影响免耕播种的稳定性。有效防堵是实施免少耕的核心技术。按照防堵形式分为重力切茬防堵、动力驱动防堵、秸秆流动防堵托搞形式。

(3)重力切茬防堵

免耕播种机重力切茬防堵技术是以圆盘开沟器为核心的部件,作业时,开沟圆盘在机具自身重力作用下高速转动,切割秸秆、根茬和土壤,实施顺畅播种施肥。

由于圆盘开沟器需要较大的正压力,免耕播种机播种单体相对较重,种肥分施能力相对较差。

根据圆盘结构形状可分为平面圆盘、缺口圆盘、波纹圆盘、凹面圆盘、涡轮圆盘等。

1)缺口圆盘

缺口圆盘外缘具有一定的冲击作用,具有较强的切土、碎土和残茬切断能力,适用于黏土土壤。

缺口圆盘耙的外缘有三角形、梯形或半圆形。

2)波纹圆盘

波纹圆盘(微型波纹圆盘)依靠重力和弹簧的附加力产生的切、挤作用在作业区形成较宽的松土带,所需的入土力增大,不适宜在黏土条件下作业,作业时圆盘需加载 700-2 000N 才能切断秸秆,切开地面达到一定的深度,要求机具有足够的重量。

3)平面圆盘

平面圆盘与播种机前进方向平行时,圆盘的作用只是切断根茬、秸秆和杂草,在突然个表面切出一条缝,后续开沟器开沟;平面圆盘与播种机方向有一定夹角时,可直接进行圆盘开沟播种施肥。

4)凹面圆盘

凹面圆盘类似于圆盘耙,与播种机前进方向有一定的夹角,工作时,利用圆盘的角度和滚动,将秸秆、根茬和表土抛离原位,实现破茬开沟。

2.动力驱动防堵技术与机具

免耕播种机动力驱动防堵技术主要适用于秸秆覆盖量大、抢种抢收的一年两熟地区,其工作原理是利用拖拉机动力输出轴提供动力,防堵装置对秸秆残茬进行粉碎、抛撒等作业实现防堵。

目前驱动防堵部件研究从原理上分条耕、粉碎、切茬、抛撒等几种形式。

条带式防堵是在播种机开沟器的前方安装耕作刀具(如旋耕刀),对播种行进行条带浅耕,粉碎、破除秸秆和根茬,整备种床,保证播种质量。目前应用比较广泛的是条带旋耕模式。

粉碎防堵是利用安装在开沟器前方或两侧高速旋转的粉碎刀将播种行的秸秆粉碎,并利用粉碎刀的动能带动秸秆沿导草板抛向开沟器的后方,从而实现防堵。

在粉碎防堵的过程中,粉碎刀不接触土壤,不会对突然改造成挠动,且对播种行秸秆有很强的切碎和抛撒能力。

切茬防堵是切茬圆盘在动力作用下主动旋转,将覆盖地表的秸秆和根茬切断,疏松地表土壤,开出种沟;同时圆盘将切断的秸秆推向种行两侧,形成清洁播种带防止秸秆堵塞。

深松机	条带粉碎播种机	带状浅旋播种机
斜置圆盘驱动播种机	嵌入式驱动圆盘播种机	驱动水平拨齿播种机
驱动链式拨齿播种机	无动力防堵播种机	人蓄力播种机

图 3-26 免耕播种机

抛撒防堵是拖拉机动力驱动秸秆粉碎、(侧)抛撒装置或者拨指,将残茬和秸秆抛向开沟器后方或播种机两侧,形成清洁播种带防止秸秆堵塞。

3.小麦免耕播种机选择与调整

(1)小麦免耕播种机选择

首先要满足种植模式要求;第二要有较强的防堵能力;第三要一次性完成切碎秸秆、破茬开沟、播种、施肥、覆土、镇压等工序。功率要求与拖拉机匹配,工作可靠,调整维护方便。

根据种植模式和青岛市土壤条件,推荐宽行宽幅免耕播种机,30厘米等行距,12厘米宽麦幅,垄背18厘米;小宽窄行免耕播种机,窄行(垄沟)12厘米内播2行小麦,宽行(垄背)28厘米。

(2)机具调整

作业前须按要求正确调整播种机的播种量、施肥量、播深、肥深、镇压力等;调整各排种(肥)器的排量一致性;镇压轮的上限位置,保证镇压效果;调整播种机架水平度,确保播种深度一致。并通过试播,方能进行作业。

(3)播种量确定与调整

根据免耕播种的要求,播种量比传统耕作播量增加10%～20%为宜,以保证亩穗数(成熟时50万穗左右)。如果不能在适播期内播种,随播期的推迟,播量需适当增加。

(4)播种深度调整

免耕播种要求种子深度3～5厘米,覆土深度2～3厘米。落籽均匀,覆盖严密。

(5)施肥深度及调整

施肥深度分侧位深施和正位深施两种,侧位深施肥料施在种子侧下方3～5厘米,正位深施施在种子正下方5厘米以上,要求深浅一致。按农艺要求合理确定施肥量。

(6)镇压力调整

小麦免耕播种机必须带镇压装置,并正确调整镇压轮压力弹簧,土壤干燥可将镇压力调大,压碎坷垃、压实苗带,防止透气跑墒落干,保墒提墒;土壤湿润可将镇压力调小,防止过度压实。土壤潮湿时,镇压轮容易黏土缠草,有刮土装置的要调整好,没有刮土装置的要及时清理镇压轮上的黏土,防止缠草。

(7)试播

播种机调整完成后,应通过试播检查调整是否到位,播种量、施肥量、播深、肥深、行距、镇压力等是否符合要求,才能进行作业。

4. 玉米免耕播种机选择与调整

（1）玉米免耕播种机选择

玉米免耕播种可以采用精播（精量播种）、穴播和条播，建议使用《山东省农业机械购置补贴产品目录》中的机具。玉米免耕播种机的选择必须满足行距、株距（可调）、播深、施肥量、施肥深度等要求，同时通过性能良好，动力要求与拖拉机匹配，工作可靠，调整维护方便。

（2）机具调整

作业前必须按要求正确调整播种机的株距、施肥量、播深、肥深、镇压力等；正确调整排种（肥）器的排量和一致性、镇压轮的上限位置，保证镇压效果；调整播种机架水平度，确保播种深度一致。并通过试播，方能进行作业。

（3）行距、株距调整

青岛地区玉米行距以 60 厘米为准，保证合理密度，与小麦行距匹配，又为玉米机械收获创造条件。根据玉米品种的不同要求调整株距，保证每亩出苗株数。

（4）播种深度调整

播种深度一般调整在 5～7 厘米，沙土和干旱地播种深度应适当增加 1～2 厘米。

（5）施肥深度及施肥量

施肥深度 9～11 厘米，即肥料在种子下方 4～5 厘米，要求深浅一致。肥料以颗粒状复合种肥为宜，合理确定施肥量。

（6）镇压力调整

土壤干燥以及有土块等镇压力要调大，压碎坷垃确保玉米播后覆土严密，镇压紧实，利于出苗。

四、生物耕作

为了在保障粮食安全和保护生态环境之间寻求平衡，发展可持续农业势在必行。传统耕作虽然促进了农业生产，但造成了土壤肥力下降、土壤侵蚀等问题；同时大型农机具不断压实土壤，进一步加剧了土壤退化。20 世纪三四十年代提出的保护性耕作概念，提倡少免耕和秸秆覆盖还田，显著减少了土壤侵蚀，保护了土壤肥力。21 世纪初，联合国又提出了保护性农业，包含少免耕，持久的地表覆盖和多样化轮作。但是，大数据分析表明保护性农业仅在干旱且易侵蚀地区实现有限的作物增产。因此，有必要采取新的措施优化保护性农业，从而实现土壤的可持续利用。

"生物耕作"是指利用具有发达的深根系的覆盖作物,通过其根系生长,穿透紧实土壤层,然后在根系腐解后形成大量生物孔隙(根孔),进而改善土壤结构以及土壤的导水导气性,并为后茬作物根系生长提供优先通道,达到促进作物生长的目的。与传统耕作相比,利用"粮食作物-覆盖作物"轮作,实现生物耕作,可以降低大型机具压实土壤的风险,同时能够利用地表覆盖抑制杂草生长,减少除草剂的使用,增加土壤生物多样性,培育健康的土壤等。

南京土壤研究所研究员彭新华团队提出了"生物耕作"的概念,为实现土壤和农业可持续发展提供了新的视角。"生物耕作"与作物产量的关系受气候条件和管理措施的影响,良好的管理措施对优化生物耕作至关重要。适宜生物耕作的覆盖作物品种需具备粗壮的深根系、快速的定植和生长能力以及残根能快速腐解等特征,并能够适应不良的土壤条件。适宜的条件下及时种植,有利于覆盖作物形成足够的根系生物量,更好地改善土壤结构;在覆盖作物开花结实期,使用合适的机具有效灭杀覆盖作物,有益于提升生物耕作的效果。深入研究适宜作物根系生长的生物孔隙特征,培育有效的生物耕作品种,优化生物耕作的田间管理,将有利于生物耕作的推广利用。

第六节　保护性农业

保护性农业是基于实现农业可持续发展的前提下出现的新的农业耕作制度和技术体系,它的主要目标是通过对可利用的土地、水和生物资源,结合外部投入进行综合管理,以保护、改善并有效利用自然资源,从而实现经济、生态、社会意义上的可持续的农业生产。保护性农业是指以最小的对土壤的结构、成分和天然的生物多样性的破坏,实现土壤的最小侵蚀与退化和最小的水污染而采取的土壤管理实践。其中,直播法和最小翻耕体制是保护性农业的两个最基本的土壤管理措施。具体来说就是,在每个农季收获后,不要将作物残留物(如秸秆、黄苗、根茎)回收贮存、烧毁或将生物质翻耕埋起来,而是将其作为土壤覆盖物留在原地。在下一农季开始时,完全不用耕地,将种子直接播入土壤。

传统的耕作方式通过土地耕翻、摧毁杂草、松动表土,以促进水分渗透和作物生长。长期连续不断的耕翻和对土地的过度开发对农业持续发展和环境的负面影响逐渐暴露出来。为解决这一问题,保护性农业应运而生。保护性农业从发展初期的免耕、少耕为主,也称为保护性耕作,经过多年的试验和推广、完善,逐步发展成为保护性农业全面综合技术体系。

与传统的耕作方法相比,保护性农业可提高农作物单产,劳动力成本大幅

下降,劳动力需求在一年中的分配也更加平均。农资成本有所降低,重体力劳动大大降低。也正是基于这种优势,很多国际组织或国际公约,如联合国粮农组织、世界银行、亚洲开发银行、《可持续发展公约》《联合国生物多样性公约》等,都在多年前就开始通过项目等多种形式积极推广保护性农业,并取得了巨大的成功。

优良的农田生态环境包括肥沃的土壤、活跃的土壤生物、稳定的土壤孔系以及由此带来的充裕的水、气供应。因此,以覆盖、轮作、免耕为基本原则,辅之以能源的合理投入、病虫草害的综合防治等共同形成了保护性农业区别于其他农业耕作体系的特质。覆盖的主要目的是减少对土表的破坏,通过长期、持续的土壤覆盖,既可以使土壤避免风吹雨淋等造成的土壤板结与流失,也可通过持续的秸秆及其残茬的投入,在地表形成有机质丰富的疏松土壤;免耕可以保持土层与土壤孔系结构的稳定性,保护土壤生物的正常活动。而轮作则在控制病虫害的同时,通过作物根系在不同土层的活动,实现对不同土层的生物耕作与营养利用。同时通过控制化学投入物的过度使用和病虫害综合治理,形成了保护性农业强大的竞争力与生命力。

一、保护性农业的起源

保护性农业可以追溯到 70 多年前袭击北美大地的"黑风暴"(也叫沙尘暴)。20 世纪初,随着加利福尼亚发现黄金,美国拉开了西部大开发的序幕。机械化翻耕土地,加快了土地开发,获得了几十年不错的收成。但由于植被破坏,导致了一场震惊世界的灾难。1935 年 5 月一场"黑风暴",从土地植被严重破坏的美国西部刮起,连续 3 天,横扫美国 2/3 国土,把 3 亿多吨土壤卷进大西洋。仅这一年美国就毁掉 300 万公顷耕地,冬小麦减产 510 万吨。经过磨难,美国人终于明白是错误的耕种方式招来的后果。土壤学家、农学家、农机专家共同努力,总结研究开发出了以少耕、免耕为主要内容的保性耕作法。试验表明,这种方法可以明显减少风蚀,增加雨水积累,从而大大缓解传统耕作对生态环境破坏的压力。通过数十年的努力,保护性耕作和植树、种草措施一起,有效地遏制了沙尘暴的再度猖獗。同时发现,保护性耕作可以减少径流、减少蒸发,有效地增加土壤贮水量,提高作物产量。苏联 20 世纪 50 年代始用无壁犁深松或浅松代替传统铧式犁耕翻,地表保留 80% 左右的根茬及植物残体,在茬地上直接播种,增产效果达 12% ～ 59%。加拿大政府为保证免耕法的实施,制定了废除铧式犁的法律。澳大利亚经试验研究,已广泛采用秸秆覆盖免耕法,达到了保水、保土、增产的目的。以色列、印度等国也都开展了相当规模的试验研究。

20世纪70年代以来,保护性耕作技术推广面积不断扩大,内容不断丰富,体系逐步完善,形成了保护性农业的丰富内涵。据有关资料,目前保护性农业已经在全世界数十个国家9 000多万公顷土地上应用,其中,美国已达2 400万公顷,包括大豆1 280万公顷、玉米900万公顷,还有小麦和棉花等。

目前我国大多数地区仍处于传统的耕作模式下,作业环节多,作业次数多,破坏了土壤的牛理机构;大量使用无机肥,使有机质减少;地下水下沉,地表水蒸发,土壤板结严重;农药、农膜的大量不合理、不规范使用,造成白色污染,土壤的污染也比较严重。20世纪90年代初,我国科技工作者在国家有关部门的支持下,开展了机械化保护性耕作试验研究。进入新世纪,保护性耕作技术列入国家农业跨越计划和成果转化项目。从2002年开始,中央财政设立专项资金,加大技术的试验推广力度。截至2004年底,北方13省(区、市)已建成国家级项目县94个,省级项目县209个,实施保护性耕作874万亩。在国家和省级示范县的带动下,各地发展保护性耕作的积极性明显提高,示范力度明显加大,发展保护性耕作技术的大气候逐步形成。但总的来看,我国保护性农业的发展还处于保护性耕作这一基础性层面,完备的技术体系尚未建立,推广范围和规模都比较小。

二、保护性农业发展现状

目前,保护性农业(CA)已经在全世界超过12 500万公顷的土地上实行,覆盖了全球大约10%的耕地面积。2004年只有4 500万公顷。北美、南美、澳大利亚/新西兰和非洲的一些地区是面积最大而且扩张最快的区域。过去十年中,CA以每年700万公顷的速度进行扩张。相比之下,欧洲采用和推广CA的速度并没有那么快。根据欧盟统计局2010调查,CA在欧洲实施了2 270万公顷,相当于欧洲25.8%的耕地。在1960年和1990年之间,欧洲在各个方面重点研究了免耕和少耕。

欧洲与世界各地一样,都存在土壤侵蚀的问题,尤其是在半干旱地区。防止水土流失和土壤退化是一个难题,因为水蚀和风蚀分别占欧洲土地面积总数的12%和4%。欧洲需要实施CA的原因已经被Sane等专家在2012年研究过。一方面,CA可以被用于缓解水土流失和土地退化,另一方面,CA是一种有用的、互补的土地管理方式,可以用来减少地表径流和地表水污染,以及减轻洪灾的严重程度,尤其是在气候潮湿、长期低强度降雨的欧洲北部地区。

在欧洲,采用CA可以很好地改善净回报率,通过降低操作、劳动和投入成本,达到提高环境效益、减轻土壤侵蚀的目的。一些典型的国家,如芬兰和德国的 CA 实践传播就非常迅速。虽然土壤和环境是重要原因,但欧洲引入 CA 主要还是由经济因素所驱动。

欧洲土壤流失的平均速度约为 17 毫克／年,超过了 1 毫克／年的土壤形成速度。实践表明,CA 通常使土壤流失的速度低于土壤形成速度,从而提高系统的可持续性。另外,除了可以保护水和防止风蚀,CA 也可以改善土壤健康度和弹性,保持良好的土壤结构,提高土壤水分储存,丰富土壤有机质,增强生物多样性。

欧盟保护性农业联合会(ECAF)成立于 1999 年,目的是使其成员国实行 CA。ECAF 在 2005 年指出,欧洲其他落后国家采用 CA 的原因主要为欧洲缺乏技术条件、适当的技术转让和制度支持。在 21 世纪早期这些条件已经适用,此后可用的新机器和技术加速了 CA 的实施。同时,获得了欧盟当局机构的支持。

三、欧洲分布的保护性农业

2010 年 27 个欧盟国家(EU-27)中。CA 和 NT 比例最高的是塞浦路斯(62.1%),依次是保加利亚(58.0%)、德国(41.1%)、英国(39.2%)、芬兰(38.7%)、法国和瑞士(36.4%)。根据欧盟统计局 2010 统计,欧盟 27 国平均水平是 26%。

CA 在欧洲进展程度并不一致。根据 Bach(2012)调查显示,2005 年瑞士 CA 占土地面积的比例是 43%,但在 2012 年下降到 36.4%;这一时期,法国从 17% 上升到 36.4%;德国从 23% 上升到 41.1%;英国从 31% 上升到 39.2%。总体而言,CA 在欧洲的使用不断增加。值得注意的是,西班牙、葡萄牙和意大利在多年生作物中 CA 面积的增加已经超过了其他作物的每年采用率。

在欧洲,CA 的类型和应用也有相当大的变化。英国、瑞士等国家的 CA 开发和采用越来越多,很多农民从传统耕作制改为 CA。欧洲农民的采用率变化是由专家 Lah mar 和 Sane 分别于 2008 年和 2012 年统计的。在挪威,在巨大的侵蚀风险地区,农民从减少耕作转向春耕。20 世纪 70 年代,法国农民因减少劳动力而获得了更大利润。在意大利,NT 开始于 1960 年代末,但真正的扩张直到 20 世纪 90 年代才出现。

早在 1970 年,西班牙的 CA 实践就已经开始。基于来自美国的经验,农民合作社和社会财团在采用 CA 中起了至关重要的作用。科学家和各个国家还有跨国公司参与支持和扩大 CA 的使用,并提供了一些有针对性的金融援助。第一次世界大会于 2001 年在马德里召开,欧洲国会保护农业组织于 2010 年在马德里成立。

四、保护性农业与共同农业政策改革

共同农业政策（CAP）是中央政策的平台，欧洲农业自 20 世纪中期以来不断发展。虽然最初主要关注粮食生产，CAP 在过去的几十年不断强调环境问题和增加农业与环境政策之间的联系。

欧盟的担忧在于农业生产、全球粮食安全、环境优先问题的 CAP 改革。其他相关问题包括自然资源的可持续性、减缓气候变化、提高竞争力等。欧盟委员会、欧洲议会、欧洲经济和社会委员会为未来 CAP 开发了三个总体目标：可行的粮食生产策略；自然资源的可持续管理和气候行动；领土发展。"精明增长"的概念也包括在欧盟 2020 战略，指的是更好的资源效率和竞争力。专家 Bach 在 2012 年提出了一个详细清单。清单确定了 CA 的好处，包括水土保持和环境保护，以及降低生产成本，优化作物产量，增强竞争力。在所有目标中，CAP 要求尊重自然条件和环境，同时优化生产。CA 和这些目标密切相关，它增强了环境保护和生物多样性，节约能源，促进更高效的资源利用，保护土壤健康和弹性。

五、保护性农业与减缓气候变化

人们普遍认为，风暴的频率和强度将增加气候的变化。相应地，也会使风险增加、水土流失严重、减排成本提高。政府间气候变化专门委员会 2007 年提出，农业在全球范围内，约有 30% 的温室气体排放（二氧化碳、一氧化二氮和甲烷），直接影响气候变化。对欧盟来说，农业排放的温室气体占总排放量的 10%。尽管秸秆燃烧会使土壤有机碳遭受损失，除去传统耕作外。所以，强化传统耕作和土壤碳损失密切相关。

1998 年，Smith 提出通过免耕制使碳封存量大约为每年每公顷 0.4 吨。此外，根据报告显示，土壤表面增加的碳汇效益维持 2～10 吨，大约是每公顷 0.2～0.7 吨。假设欧盟 27 国 30% 的耕地面积实施 CA，相当于每公顷每年减少二氧化碳排放 0.77 吨，减少燃料消耗 44.2 升。基于上述数据，欧盟 27 国使用 CA 土地的潜在碳封存是约为每年 26.2 吨的 CO_2 排放量，全年 CO_2 减排的潜力约 97 吨。应该注意的是，每年由于减少燃料消耗节省的 4.5 吨 CO_2 与在 CA 相比是微乎其微的。然而，为了减少 CO_2 排放量和碳封存，2012 欧盟 15 个成员国共同减少大约 40% 的 CO_2 排放量（约 266.4 吨）。更引人注目的是，这个数字相当于 1990 年和 2010 年之间 27 个欧盟国家减少的总量。

六、欧洲保护性农业的未来

欧洲农作物产量的数据对保护农业总体上有积极优势。在匈牙利,与常规耕作获得的产量相比,CA 收益率约增加 10%。在北欧,情况是相似的,除不干涸、黏土土壤之外。在乌克兰,收益率估计增长 5%～10%。在欧洲南部和西班牙,2007 报告显示,15%～10% 的产量用于改善免耕,尤其是在干旱年份。然而,由于地区差异,Lah mar(2008)和 Sane(2012)报告指出,CA 并不是一味地增加产量,基于目前的收益率来看,CA 在欧洲未来的总体趋势是乐观的。

减少运营成本将继续成为农民采用 CA 的主要考虑因素。过去环境效益并不是影响农民生产的经济因素。但环境意识和生态管理的重要性已经成为农民考虑的首要问题。这些是环境政策在欧盟发展的结果。CAP 的改革、金融体系和机构支持,将对农民应用 CA 产生很大影响。

CA 的环境优势,包括水土保持、景观保护、缓解洪水、减少磷污染沉积物等,这些在未来将会越来越重要。市场营销、农业竞争力等问题,正在评估着改革的成效,将成为未来农业金融支持的种类和水平的基础。

考虑到在欧洲地理、气候、生态、文化传统的不同,以及欧盟政策和方案的推拉效应。CA 未来将在欧洲应用更为广泛,产量性能和稳定性、运营成本、环境政策和气候变化等将成为 CA 在欧洲扩展实施的主要驱动力!

七、保护性农业的优势

1. 可持续性发展优势

过去我们种田有一个口号,叫"精耕细作",其中就包括对土壤的管理。它的意思是,在平整土地的时候,土壤要整得很细,而且越细越好。可是,这样做的效果是土壤直接裸露在阳光下,土壤中昆虫和蠕虫动物被冻死了,肥力必须年年补充才能维持。而且,这种做法导致了表层土壤和亚表层土壤的分离,土壤整理得越细就越是容易被水冲走;伴随着雨水的冲刷,表层土壤的营养也就越加容易损失。此外,出于土壤的亚表层或"硬土层"被压实,又严重减低了水在这些土层的渗透速度。2001 年,联合国粮农组织的土壤科学家指出,"直到最近,很少有人报道过有关平整土地制度给农业造成的负面影响。这种负面影响直到 70 年代才开始显露出来"。

显然,如果推行免耕、直播、生物质覆盖等措施,这样的土壤退化就可以避免或减少到最低程度。事实上,被遮盖起来的土壤要比裸露在阳光下的土壤更加松软和更加有肥力,因而更有利于植物的生长。这是大家在日常生活中经常可以观察得到的。因此,单就保护土壤而言,保护性农业更加有利于农业的可持续发展。

2. 生态优势

传统农业经常导致对环境的严重破坏。这些破坏因素包括:① 把庄稼收获后的残留物烧掉,会造成空气污染。② 为了控制杂草和准备苗床而进行土壤翻耕,使得土壤的表层和亚表层相互分离,表层土壤容易被水冲走。冲走后的表层土壤流入河道容易形成河道淤积。③ 由于土壤受到侵蚀,土壤的有机质逐步丧失,使得土壤肥力无法满足作物生长的基本要求,为了补充肥力的不足,每年都要大量施用化学肥料,从而加速了土壤的退化和环境的污染。④ 由于每年的翻耕和让土壤裸露过冬,使得不少昆虫和蠕虫大量死亡,加上农药化肥的大量施用,从而严重破坏了生物的多样性。

保护性农业,在年复一年的耕作过程中做到尽可能少地改变原来土壤的结构、组成成分和生物多样性。它通过生物质遮盖法和免耕法,保持着土壤的肥力和土壤本身免受雨水冲刷,从而能够有效地防止土壤的退化。以上列举的传统农业对环境的破坏作用。在保护性农业中就可以避免或降低到最小。

3. 增产优势

保护性农业更有吸引力的优势是增产优势。农民之所以喜欢保护性农业,是因为它在减轻农民的劳动强度的前提下,为农民提供了保存、改进和更有效利用自然资源的手段。保护性农业的增产优势主要来自以下几个方面。

(1) 减少投入

传统农业需要翻耕和平整土地的农业机械。除购置这些机械之外,还需要大量的保养维护费用。当然,使用这些机械还需要更多的投入。按照美国农民的劳动效率测算,推行保护性农业的免耕/直播措施,每公顷土地每年可以减少 3～5 个劳动工日和 60～80 升燃料油。农业生产能源的减少,除了农业本身的经济效益和环境效益之外,更重要的是从总体上减少了能源消耗。它相当于为国家净增了能源产量或减少了能源进口。据美国农业科学家测算,推行保护性农业,农业的能源消耗与农业产出比,将由传统农业的 15%～50% 增加了 25%～100%。欧洲从事保护性农业的科学家认为,保护性农业与传统农业相比,每公顷在西欧可以节约投入 97 欧元的机械维护和使用费,在南欧的农业条件下也可以节约 60 欧元。由于传统农业容易导致土壤侵蚀和退化,为了防止这样的退化,农民还需要更多的投入来进行治理。以美国为例,农民每年每公顷要投入相当于 85.5 欧元的费用来治理土壤侵蚀。现在,美国推行保护性农业的面积是 1975 万公顷,仅此一项农业措施就节约农业投入 16.88625 亿欧元。

（2）增产效果

保护性农业的增产效果来自以下一些方面：① 保护性农业防止了土壤侵蚀，有效地保证了有种有收。这一保种保收的增产效果与传统农业相比，增产效果在 9%～34%。② 保护性农业增加了土壤的透水性，不会因为表层土壤过于疏松和亚表层土壤过于结实而易于蒸发。由于保护性农业增加了土壤的保水效果，它对旱季作物的增产效果自然是不言而喻的。这一效果导致增产的效果约为传统农业的 25%。③ 保护性农业因为防止了土壤侵蚀，节约了国家用于治理土壤侵蚀的费用。包括沟河疏通、兴修和加固水库、治理污染、抗洪救灾等费用在内，在美国，这笔费用约占农业总投入的 40%。可见，保护性农业的宏观经济效果是不可估量的。④ 肥料的节约在保护性农业中也是十分明显的。传统农业不能有效地保持土壤的肥力。加上土壤侵蚀，使得土壤肥力的损失相当大。保护性农业通过生物质遮盖、免耕、直播等措施防止了土壤侵蚀。这就意味着同等条件下保护性农业实现了肥料的节约和天然有机肥料的有效性。它对于提高农作物的产量和质量都是很有意义的。

八、发展原理

保护性农业可以保持土壤水分、提高水分有效性，增加土壤有机质和养分含量，提高农作物产量。秸秆覆盖，可降低雨滴对表土的直接冲击，将大量降雨保持并渗透到深层土壤中，减少地表径流；小麦播种至小麦拔节期、玉米苗期，作物对地表的覆盖较少，秸秆覆盖可以切断蒸发表面与下层土壤毛管联系，有效抑制土壤蒸发；秸秆缓慢分解有利于有机质积累。免耕使土壤中蚯蚓等生物增加，大量蚯蚓活动留下的孔道、腐烂根系孔道，有利于雨水下渗，提高了水分有效利用率。

保护性农业可以减少地面径流，保护土壤，有利于防止土壤水蚀、风蚀，促进农业可持续发展。秸秆覆盖在土壤表面形成一个防护层，它既能保证土壤有必要的疏松，又不破坏土壤表层，从而使土壤流失相对减少。通过免耕或少耕，利用根茬固土、秸秆挡土，有效地减少扬沙和土粒运移，使地表湿润、增加团粒结构，从而减少土壤风蚀。同时，通过合理施肥，促进水肥相互作用，以肥保水，以水运肥，提高水肥效果。轮作可以延长作物生育期，增加作物生长积温。

保护性农业有利于保护和改善生态环境。保护性耕作减少了农田扬尘，大面积实施可以有效抑制"沙尘暴"。此外，由于秸秆还田，还有效避免了焚烧秸秆造成的大气污染。目前，除少量农作物秸秆利用外，大部分被遗弃腐烂或焚烧，既造成了资源浪费，又污染了环境。发展保护性农业，可将大量秸秆覆盖地表,使秸秆就地还田,促进农业生产的良性循环。秸秆不需要焚烧,即可播种,满足了农业生产需求,保护了农业生产和农民生活环境。

发展保护性农业可以节本增效,增加农民收入。据农业部资料,推广以免耕播种为核心的保护性农业,一年可减少作业工序 2～5 道,降低作业成本 20% 左右,而且具有明显的增产增收作用。农业部建立的 10 个监测点的 14 种作物产量数据中,有 13 种表现出了增产效果。其中,玉米增产 4.1%,小麦增产 7.3%,小杂粮增产 11.2%,大豆增产 32%。在一年两熟区,保护性耕作节本增产带来的综合经济效益平均为 101 元/亩,一年一熟区为 43.5 元/亩。如果再进一步完善保护性农业技术体系,全面推广保护性农业的各项技术措施,投入品的节约、劳动力投入的减少,以及秸秆覆盖长期效果的显现将使保护性农业的效果更加突出。

九、发展保护性农业的意义

据粮农组织出版的《世界农业:走向 2015/2030 年》所阐述的专家观点,未来 10～20 年中保护性农业将会有一个大发展,并对农业可持续发展产生积极的促进作用。我国发展保护性农业已势在必行。

首先,发展保护性农业符合科学发展观的要求,是构建和谐社会的需要。实现人与自然和谐发展是社会主义和谐社会的一个基本特征。保护性农业在发展生产的同时,改善了生态环境,实现了人与自然和谐相处、和谐发展,是构建社会主义和谐社会的重要体现。

其次,发展保护性农业有利于农业可持续发展。保护性耕作技术依靠作物残茬覆盖,保护土壤,减少水土流失和地表水分蒸发,增加土壤有机质,不仅是提高粮食产量、增加农民收入的有效途径,而且是提高农业综合生产能力、促进农业可持续发展的重要措施。

第三,发展保护性农业是发展循环经济、保护生态环境的重要措施。保护性农业可以使农作物秸秆得到循环利用,不仅对抑制沙尘暴有明显作用,而且可以避免秸秆焚烧,减少大气污染,保护生态环境。从这个意义上讲,保护性农业填补了农区生态环境建设的空白,丰富了可持续发展的内涵。

第四,发展保护性农业是农民增收、农业增效的要求。保护性农业不仅可以减少投入,减少劳动力的需求,降低生产成本,而且可以提高粮食产量,促进农民增收,是建设现代农业的一个很好的切入点。

第五,发展保护性农业代表了我国农业发展的必然趋势。从目前我国农业发展的现实情况看,由于农业生产不断追求高产,大量投入化肥、农药,土壤过度耕作,劳动力需求大,生产成本不断增加,居高不下,农业生产比较效益降低,严重影响到农民生产的积极性。我国不到世界 10% 的耕地,氮肥使用量却占世界的近 30%。农产品化肥农药残留严重,人类感染恶性疾病的种类和比例越来越多,秸秆焚烧污染大气环境。过度耕翻使土壤表层形成细小的粉尘,在没有覆盖的条件下极易被大风扬起,形成"沙尘暴"。裸露的地表水土流失严重。随着经济的发展以及小城镇建设,每年有大量劳动力转移到二、三产业,农业生产劳动力紧缺。保护性农业可将复杂的农业生产环节简单化,提高劳动效率,降低作业强度,降低生产成本,提高农业生产效益。

十、发展保护性农业建议

发展保护性农业,必须采取综合措施,突破观念、技术、政策、体制、法制等方面的制约,建立长效机制。

首先,要提高认识。加大对保护性农业的宣传力度。保护性农业是对传统耕作制度的根本变革,让农民彻底转变观念,在思想上由不认识到认识,在行动上由不自觉到自觉,必须进行广泛深入的宣传和科学耐心的引导。通过宣传和培训,引导农民转变观念,促进保护性农业的推广应用。同时,应调动各级地方政府、相关企业及社会力量,参与保护性农业的发展。

其次,要加强引导和扶持。编制科学的规划,制定有效的扶持政策,是发展保护性农业的基础性工作。要把发展保护性农业作为我国农业发展"十一五"规划的重大战略任务和广大旱作区农业可持续发展的重要措施来抓,并将其列为水土保持、防沙治沙等规划的重要内容。尽快组织编制和实施《保护性农业发展专题规划》。保护性农业是农业耕作制度和技术的重大变革,需要各级政府在财政、信贷等方面对保护性农业技术的研究开发、示范区建设和培训等给予一定的扶持。同时要注重整合与保护性农业有关的项目资源,科学规划,合理安排,形成合力,发挥项目的整体效益。

第三,建立发展保护性农业的技术支撑体系。加强关键技术的研究开发、产业化示范和先进适用技术的推广应用,积极探索和完善中国特色的保护性农业技术体系。耕作技术的改变必然要求农业生产中其他技术措施相应变化。实行保护性农业就必须发展与其配套的相应技术,形成综合农业技术体系,根据作物轮作制度形成相互衔接的,不同作物的,包括秸秆覆盖、深层耕作、免耕施肥播种以及杂草与病虫控制、播前表土作业等内容的保护性农业技术体系,以及与保护性农业相配套的技术,如能够替代秸秆做燃料的新型农村能源技术,适合于干旱区土壤、栽培制度的保护性耕作关键机具等。

第四，认真组织开展保护性农业试点。要制定切实可行的推广措施，坚持点面结合，逐步推进。目前我国不少地区保护性农业的推广已经具备了一定基础，在此基础上，借鉴国外的成熟技术，结合我国国情，加大对不同类型区保护性农业技术体系的研究开发，不断拓展应用区域和作物，从一年一熟地区拓展到一年两熟地区，从农田延伸到农牧交错区，从小麦玉米主要粮食作物扩大到各种旱区作物。积极扩大示范区建设规模，探索有效的推广机制，不断扩大保护性农业应用面积。

第五，加强国际交流和合作。在一些发达国家，保护性农业已经有了较长的发展历史，技术较为成熟，他们的做法和经验值得我们借鉴。要加强国际间的交流与合作，通过合作研究开发、举办专题培训班、召开技术研讨会、交换有关信息资料等形式，促进我国保护性农业的全面发展。

十一、发展保护性农业注意事项

1. 除草问题

保护性农业是普遍具有投入少产出多、省工省料的一项农业增产措施。对于土地和人力节约来说是"双赢"的。但这并不意味着，保护性农业是没有问题的。在杂草严重侵害的地方，保护性农业可能需要施用除草剂。在从传统农业向保护性农业过渡期间，因生物平衡改变，某些土壤引起的有害生物或病原菌可能造成新的问题。但是一旦保护性农业的环境稳定下来，保护性农业往往比传统农业更加容易管理而且产量更高。在保护性农业中，还没有发现不可克服的有害生物的问题。

2. 保护性农业与有机农业的关系

尽管保护性农业以维护农业生产的自然过程为基础，但保护性农业并不禁止使用农用化工品的投入。例如，除草剂就是保护性农业的一个重要组成部分。在过渡阶段至农作物与杂草群取得新的平衡为止，尤其如此。同样，鉴于土壤使用期在该系统中的重要性，农业化学品，包括化肥得到非常仔细地施用，也是可以的。一般而言，从事保护性农业的农民比从事传统农业的农民施用的化工产品（主要是除草剂）要少得多。

3. 病虫害综合治理

首先，采用保护性农业措施和实行合理的作物轮作，并不会增加比传统农业更多的病虫害问题。但是，病虫害综合治理仍然适合于保护性农业，而且实际操作必须按同样的原理进行。与病虫害综合治理一样，保护性农业也强调生物过程。并且，保护性农业将病虫害综合治理的方法从作物及病虫害治理扩大到整个土地治理。

4. 保护性农业的适用范围

保护性农业不仅可以用来种植谷类作物和豆类,而且可以种植其他作物,如甘蔗、蔬菜、马铃薯、甜菜和木薯,也可以种植水果和葡萄等多年生作物。水生植物当然不能实现生物质遮盖,种植水稻也不能免耕。但是,对水稻田采取生物质遮盖过冬措施是可以做得到的。就已经推广的情况看,保护性农业措施,只在极度缺水和有机物产量偏低的干旱地区未能取得成功。因为,在这些地方没有足够的生物质将土壤遮盖起来,也缺乏足够的水分将遮盖物沤成土壤所需要的养分。

参考文献

1. 宗锦耀等. 中国保护性耕作【M】. 北京: 中国农业出版社, 2008.

2. 汤姆. 戈达德等编. 李定强, 卓幕宁等译. 免耕农业制度【M】, 北京: 中国环境科学技术出版社, 2011.

3. 丁兴民等. 青岛耕地【M】. 北京: 中国农业科学技术出版社, 2020.

4. 石林雄等. 机械化深松整地技术【M】. 兰州: 甘肃科学技术出版社, 2019.

5. 陈志等. 农业机械设计手册【M】. 北京: 中国农业科学技术出版社, 2007.